林业技术专业群新形态系列教材

工业废水处理技术

（家具制造方向）

彭　阳　柯瑞华　顾建厦　主编

中国林业出版社

China Forestry Publishing House

图书在版编目 (CIP) 数据

工业废水处理技术：家具制造方向／彭阳，柯瑞华，顾建厦主编 . —北京：中国林业出版社，2023.5（2024.1 重印）

林业技术专业群新形态系列教材

ISBN 978-7-5219-2259-2

Ⅰ. ①工⋯　Ⅱ. ①彭⋯ ②柯⋯ ③顾⋯　Ⅲ. ①家具-制造工业-工业废水处理-高等学校-教材　Ⅳ. ①X798

中国国家版本馆 CIP 数据核字（2023）第 133368 号

策划、责任编辑：田　苗

责任校对：苏　梅

封面设计：时代澄宇

出版发行：中国林业出版社

（100009，北京市西城区刘海胡同 7 号，电话 83143557）

电子邮箱：cfphzbs@ 163. com

网址：www. forestry. gov. cn/lycb. html

印刷：北京中科印刷有限公司

版次：2023 年 5 月第 1 版

印次：2024 年 1 月第 2 次

开本：787mm×1092mm　1/16

印张：8.75

字数：204 千字

定价：42.00 元

数字资源

《工业废水处理技术(家具制造方向)》
编写人员

主　　编　彭　阳　柯瑞华　顾建厦

副 主 编　申露威　周丽娜　何雍平

编写人员(按姓氏拼音排序)

顾建厦(江西自由王国家具有限公司)

何　庆(江西环境工程职业学院)

何雍平(江西环境工程职业学院)

胡　靓(江西环境工程职业学院)

柯瑞华(江西环境工程职业学院)

赖兰萍(江西环境工程职业学院)

李　奇(江西环境工程职业学院)

刘潮清(江西环境工程职业学院)

刘良发(赣州市正能环保科技有限公司)

彭　阳(江西环境工程职业学院)

彭瑞昊(江西环境工程职业学院)

申露威(江西环境工程职业学院)

肖　璐(江西环境工程职业学院)

于慧娟(江西环境工程职业学院)

曾璐锋(江西环境工程职业学院)

周丽娜(江西环境工程职业学院)

邹雨香(江西环境工程职业学院)

前言

工业废水处理是我国环保产业的重要分支，也是实现碳中和的重要路径之一。我国"十四五"规划提出"推进城镇污水管网全覆盖，开展污水处理差别化精准提标"，对水污染治理技术和应用提出了更高的要求。家具制造废水是含有大量难降解污染物的工业废水，含有镍、酚、苯等物质，超标排放的废水对环境造成严重的污染。为了更好地服务家具行业产业发展，掌握最新的家具制造废水处理知识，我们编写了本教材。本教材以职业能力培养为目标，以真实的工作情境为载体，将学习内容重构为 4 个项目 10 个任务，并补充 10 个阅读资料。

本教材由彭阳、柯瑞华、顾建厦主编，具体分工如下：彭阳、柯瑞华编写项目 1；申露威编写项目 2；周丽娜、赖兰萍编写项目 3；何雍平、曾璐锋、李奇、于慧娟编写项目 4；胡靓编写附录 1、附录 4、附录 5；肖璐编写附录 2、附录 3、附录 7；刘良发编写附录 3 部分内容；刘潮清、何庆、邹雨香编写附录 6、附录 8、附录 9；彭瑞昊编写附录 10。全书由彭阳、柯瑞华、顾建厦统稿。

本教材既可供高职高专环境保护类专业教学使用，也可作为相关技术人员的参考书和相关单位的培训教材。

本教材在编写过程中得到了相关专家的宝贵意见和建议，并参考引用了相关文献资料，在此一并表示感谢！

由于编者水平所限，教材中难免存在不足之处，敬请读者批评指正。

编　者
2023 年 5 月

目录

项目 1　家具制造企业废水产生与排放

【项目情景】

小王需要对某家具制造企业进行勘查，确定该企业正常运行时产生的废水量和废水特征，为后续的废水处理设计提供准确的支撑材料。

【学习目标】

>> **知识目标**

(1)掌握家具制造企业废水来源。

(2)掌握家具制造企业废水产生量的计算方法。

(3)掌握家具制造企业废水排放标准。

>> **技能目标**

(1)会确定家具制造企业产生的主要废水污染物。

(2)会采用多种方法计算家具制造企业产生的废水量。

(3)能制定简单的家具制造企业废水处理流程。

>> **素质目标**

培养细心专注、求真务实的职业素养。

任务 1-1　确定家具制造企业废水来源

【任务目标】

能够熟练地根据家具生产工艺图确定废水的来源，有针对性地进行废水来源的资料调查和现场勘查。

【任务描述】

调查家具制造企业的实际生产工艺，根据工艺确定家具企业的废水来源，描述各废水的特点。

【任务分析】

本任务需要熟悉家具生产的工艺，确定哪些工艺用到水，以及哪些工艺可能不会用到水，但可能会产生废水。可以采用类似企业产生的废水进行类比，也可以现场踏勘确定废水的来源。

【工具材料】

家具企业的工程设计书。

【知识准备】

1. 家具生产行业概况

我国家具生产工艺的发展：20 世纪 70 年代是传统工艺手工作坊时期；80 年代是工艺技术改革期，从手工作坊过渡到机械化大批量生产期；90 年代是工艺技术发展期，市场品牌竞争日益激烈；21 世纪是满足设计、工艺、服务个性化需求的时期。

家具制造业是指用木材、金属、塑料、竹、藤等材料制作的，具有坐卧、凭倚、储藏、间隔等功能，可用于住宅、旅馆、办公室、学校、餐馆、医院、剧场、公园、船舰、飞机、机动车等场所的各种家具的制造。家具制造涉及多种行业企业，包括：木材、板材、皮料、纺织品、金属材料、玻璃、石材等主要原材料生产企业；涂料、胶黏剂等辅料生产企业；木工、涂装机械等设备生产企业；五金和配套件生产企业；包装材料生产企业；家具装配制造企业。其中最主要的是家具装配制造企业，这也是家具制造的终端。

常见的家具制造企业分为：木质家具制造企业、竹藤家具制造企业、金属家具制造企业、塑料家具制造企业、石材玻璃家具制造企业、软体家具制造企业等。

2. 家具生产行业废水来源

1) 木质家具制造废水来源

木质家具分为实木和板式家具，是通过各种裁切和拼接方式制成架构，并通过表面的防潮防腐和美化处理制成的家具。木质家具制造业是主要的产生废水的家具制造工业。实木方料弯曲加工过程需要蒸煮或药剂浸泡使木材软化，产生含有机物和酸性物质的废水。板材加工制造过程，同样需要将木材软化处理，机械切割成木板或木屑等制成板材。木材软化处理废水成分复杂，色度、SS* 以及有机物浓度比较高，木质家具制造工艺流程如图 1-1 所示。

木质家具表面上色及喷漆工艺，会产生大量漆雾，漆雾捕捉会产生废水，如喷漆房水幕柜捕捉漆雾产生废水，以及废气处理设施喷淋装置产生废水。

2) 竹藤家具制造废水来源

竹藤家具是以竹材、藤材作为原料，通过编织制成的家具。竹藤家具有很多种类，如竹凳、竹椅、竹桌、竹床、竹书架、竹花架、竹衣架、竹橱、竹箱、藤椅、藤床、藤箱、藤屏风、藤器皿和藤工艺品等。竹藤家具可以为家居增添一份自然、质朴的色彩，虽然种类很多，造型各异，但它们的加工制作大致都分为竹藤材加工、骨架制作、面层加工、总体装配以及涂饰等几个加工工段。与木材、板材加工类似，竹藤材的蒸煮加工同样会产生有机废水。

3) 金属家具制造废水来源

金属家具是以金属管材、金属板材，通过焊接、铆接、销接、螺钉连接等方式装配，辅以金属表面防腐防锈处理制成的家具。根据所用材料可分为：全金属家具(如保险柜、钢丝床、厨房设备、档案柜等)、金属与木结合家具、金属与非金属(竹藤、塑料)材料结合的家具。

金属家具制造的生产工艺主要有管材的截断、弯管、打眼与冲孔、焊接、表面处理、部件装配。金属家具制造废水来源于金属材料的表面处理。

---

* SS：悬浮物。

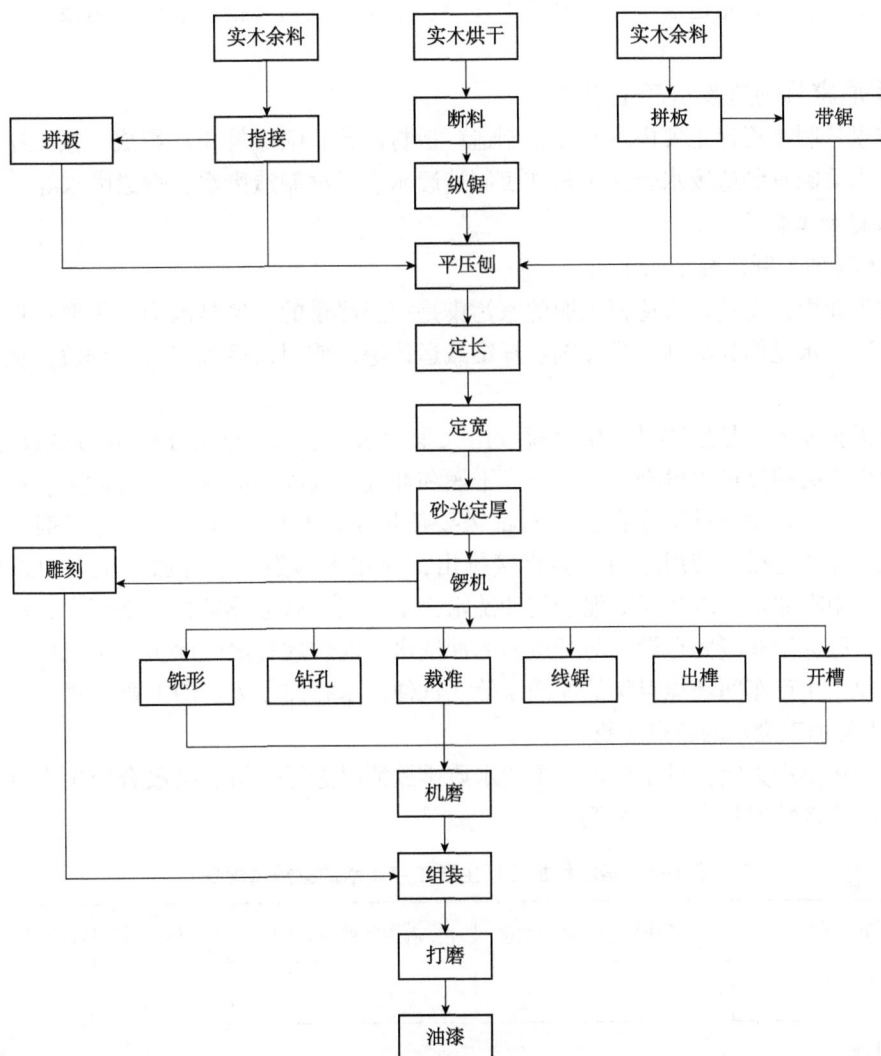

图 1-1　木质家具制造工艺流程图

4）塑料家具制造废水来源

塑料家具是以聚乙烯、聚氯乙烯等有机高分子材料为主要原料，以石粉等作为填充剂而制成的。塑料家具生产过程会产生挥发性有机气体，几乎不产生废水。

5）石材玻璃家具制造废水来源

石材玻璃家具是以木材或金属为架构，以石材、玻璃为主材覆盖制成的家具。石材和玻璃在切割的过程中需要通过喷水抑制粉尘的散发，产生含 SS 的废水。

6）软体家具制造废水来源

软体家具是以木材、金属作为框架，以弹簧、软垫物（海绵、棉花、泡沫、塑料、棕丝等）、织物、皮革等为原料覆盖填充制成的家具。软体家具的原材料除弹簧以外，大多不专门用于家具制造，因此废水的来源可视为弹簧的生产加工。弹簧的生产加工废水处理工艺参照金属表面处理废水处理工艺。

综上所述,家具制造废水主要有以下几类:金属家具磷化槽或生产设施废水、设备冲洗水等。

3. 木质家具制造废水产生规律

木质家具制造流程主要由木材加工制造、板材制造、喷漆等工序组成。按工序和废水性质,将木质家具制造废水分为木材加工制造废水、板材制造废水、喷漆废水等。

1)木材加工制造废水

(1)木材加工制造废水的来源

木材工业中,尤其是人造板工业的水污染是相当严重的。这是因为它需要消耗大量的工艺水,这些水是作为溶剂、稀释剂、纤维载运体等,使用以后大多直接排放,从而造成水污染。

胶合板企业的产品生产过程中会排放出大量污水、废水,这对水源的污染极为严重。胶合板的生产必须经过木段剥皮、蒸煮、干燥和冲洗、调胶与涂胶、设备冲洗。在这一系列生产工序中,任意一道工序在执行时都需要使用水,利用水作溶剂、稀释剂、载运体等,待工序完成之后,使用过的水会直接排出,导致水污染。木材加工工艺中外排水包括:清洗黏附在原木、木片表面泥沙的冲洗水,木料蒸煮后进热磨机的挤压水,制胶与施胶系统防止胶黏结和凝固在设备与管道内的冲洗水,锅炉烟气水膜除尘与水力冲渣水及锅炉污水,保证生产车间环境卫生的冲洗水等。这便是木材加工废水的主要来源。

(2)木材加工废水的特点分析

以胶合板生产为例,对生产过程中的水质排放情况进行分析。某胶合板生产企业主要工序废水的排放情况见表1-1所列。

表1-1　某木材加工厂主要工序废水的排放情况表

主要工序	COD_{Cr}^*(mg/L)	总固体量(mg/L)	排放量(m³/周)
原木剥皮	—	—	—
木材水热处理			
蒸木法	4900	3388	815
煮木法	7293	2660	—
干燥机冲洗水	3140	2883	57
涂胶设备冲洗水			
酚醛胶	32 650	19 850	53.5
蛋白胶	8850	8850	53.5
脲醛胶	21 050	27 500	53.5

注:* COD_{Cr}:重铬酸钾法测定出的化学需氧量。

根据有关资料，每立方米原木剥皮采用水力剥皮时，其废水排放量可达 $5\sim12m^3$。废水的 BOD[①] 含量高达 $50\sim250mg/L$，废水的 SS 含量相当多。胶合板生产过程中，木段的软化处理方式很多，常用的有水煮、汽蒸或水浸等方法。无论采用哪一种方法都会产生一定数量的废水，其主要污染物有有机水溶性物质及悬浮物。

研究表明，生产 $1m^3$ 胶合板所产生的煮木水，平均约产生 $2kg\ COD_{Cr}$ 和 $0.64kg\ BOD_5$[②] 的污染量及 $0.5kg$ 固体物质。

单板干燥机冲洗水的水质，随单板的树材种类、去污剂的种类以及使用的条件等因素而异。此外，还与冲洗水的用量、干燥机的运转条件和干燥机冲洗前对脏物的清理程度等因素有一定的关系。例如，干燥针叶树材单板时，其冲洗水的 BOD_5、SS 和酚的平均含量分别为 $292mg/L$、$1411mg/L$、$2.71mg/L$。

调胶和涂胶设备冲洗水的水质，随胶合板的胶种、用胶量等因素而异。研究表明，生产酚醛树脂胶合板，清洗时的稀释比为 20：1，废水中的 COD_{Cr}、悬浮物及酚的含量分别为 $32\,000mg/L$、$15\,000mg/L$ 和 $6000mg/L$。而使用蛋白质胶时，废水中 COD_{Cr} 和 SS 的含量分别为 $8800mg/L$ 及 $6000mg/L$。

除了上述一些工艺废水以外，层压胶合板的浸胶工艺废水、管道输送系统的清洗水等，也是胶合板生产的主要废水。

木材工业的废水，主要是木材可溶物和胶黏剂的残余物质引起的。木材溶解物的化学组成，对废水处理过程是很重要的。低分子质量部分容易被微生物降解，因此，选用生物处理法容易去除这一部分。而溶解物的高分子质量部分及胶体，可以借化学凝聚方式处理。

废水中各化学组分是比较复杂的。木材中存在少量游离单糖，包括阿拉伯糖、木糖、甘露糖、半乳糖、葡萄糖。而单糖数量与纤维分离加工中半纤维素的水解程度有关。

木材中的木质素，由于热水的作用，可产生化学反应。废水中的降解产物有香草酸、香草醛、丁香酸、丁香醛等。针叶树材废水中一般不溶木质素占干物质 13%～21%，而阔叶树材木浆抽出物中，不溶木质素可达到 35% 左右，这主要因为各种多元酚能被二氧甲烷抽出。

有些树种木材呈酸性，这是由于这些木材中含有单宁、有机酸等。木材热处理时酸度增大，这主要是由于乙酰基水解成乙酸引起的。木材中还含有糖醛酸，尤其制浆原料带树皮时白液中糖醛酸含量更高。另外，热磨浆抽出物中还含有一定量的灰分，占废水的 2%～6%。

2）板材制造废水

板材分实木板材和人造板两大类。

（1）实木板材制造废水

实木板材生产工艺为：原材料→截断、剥皮→水热处理→旋切、剪切→晾晒→施胶→组坯→预压、热压→素板涂胶→预压、热压→冷却→砂光修边→包装入库。

① BOD：生化需氧量。

② BOD_5：五日生化需氧量。

木材的水热处理工艺有水煮、蒸汽加热等，作用是增加木材的含水率、降低节子的硬度、去除树脂增加胶合黏度，热处理工艺会产生含有树皮屑及渗透出树脂和细胞液的有机废水。

（2）人造板制造废水

人造板生产工艺为：原材料→截断、剥皮→削片→水洗→蒸煮→纤维分离→纤维处理→板坯脱水成型→施胶→干燥→铺装→预压、热压→冷却→规格精裁→包装入库。

水洗、蒸煮、纤维处理、板坯脱水成型这几道工序，都会产生废水，部分废水可以回流到工序中继续使用，外排的主要是板坯脱水滤压出来的废水。

图1-2　水幕柜

图1-3　喷淋塔

纤维滤液含有纤维素、木质素、细胞液、染色剂等物质，废水污染物指标显示出较高的 COD、BOD_5、SS、色度等，由于废水中溶解了木材中的有机酸，废水偏酸性。

3）喷漆废水

木质家具木器漆的喷涂会使得喷漆车间内漆雾弥漫，不及时将漆雾排出，其落在已经喷涂好的家具表面，会影响家具表面光泽度。并且，当漆雾浓度或挥发性有机物的浓度过高时，有引发爆炸的危险。

漆雾含有油漆颗粒和挥发性有机物，直接外排会对大气环境产生较大的影响，故而喷漆废气会经过处理后排放。漆雾捕捉收集通常有水幕（水幕柜，图1-2）捕捉、喷淋（喷淋塔，图1-3）吸收、过滤截留、吸附等方式，水幕和喷淋使用液体吸收漆雾，吸收饱和的水作为废水排放，通常将此类废水称为喷漆废水。

根据使用的木器漆溶解性，将喷漆废水分为油性漆喷漆废水和水性漆喷漆废水。油性漆以有机溶剂为载体分散和稀释，油漆和部分溶剂不溶于水，小部分溶剂会溶于水。水性漆以水为溶剂，溶质易溶于水。由于两种木器漆的溶解性不同，这两类喷漆废水采用的处理工艺也不同。

4）生活废水

生活废水是指居民日常生活排泄、洗浴、饮食等活动排放的废水。只要存在较多人员集中活动，就会产生较大量的生活废水，这是不容忽视的。所以，人员较多的工厂通常需要将生活废水进行收集处理。

城镇居民生活污水集中在大型城镇污水处理厂进行处理；农村居民生活污水经管道收集，通常利用农村现有的生态环境和地形，通过人工生物降解和自然氧化塘生物降解措施处理；企业的生活污水根据企业所在地规划不同，生活污水的排放执行标准也不同，通常污水接入污水处理厂收集管网的按接管标准执行，处理后向环境直接排放的按直排标准执行。执行的排放标准不同，污水的处理工艺也不同。

各企业废水处理工程的设计方案不同，有的企业对生活废水单独建设处理设施，而有的企业会将生产和生活废水混合在一起进行处理，设计施工单位会根据每个企业的实际情况进行合理设计。

家具制造企业重点管理排污单位主要生产单元、主要工艺及生产设施等详见表1-2。

表1-2 家具制造企业重点管理排污单位主要生产单元、主要工艺及生产设施一览表

主要生产单元	主要工艺	生产设施	设施参数	单位
木工车间	机械化加工、非机械化加工	开料机	功率	kW
		齐边机	功率	kW
		锯床	功率	kW
		刨床	功率	kW
		镂铣机	功率	kW
		雕刻机	功率	kW
		封边机	功率	kW
		砂光机	功率	kW
		指接机	功率	kW
		拼板机	功率	kW
施胶车间	施胶	施胶房	排气量	m^3/h
		施胶枪	压力	MPa
		辊胶机	供胶量	kg/h
		水幕机	排气量	m^3/h
			循环水量	m^3/h
涂装车间	调漆、供漆	通风柜	排气量	m^3/h
		集中供漆系统	供漆量	kg/h
	擦色	手工擦色设施	—	—
		擦色机	功率	kW

（续）

主要生产单元	主要工艺	生产设施	设施参数	单位
涂装车间	砂光	手工打磨设施	—	—
		打磨机	功率	kW
		砂光机	功率	kW
		水幕机	排气量	m^3/h
			循环水量	m^3/h
		干式过滤系统	排气量	m^3/h
		底漆房	排气量	m^3/h
		浸涂槽	耗漆量	kg/h
		喷漆枪	耗漆量	kg/h
		辊涂机	供漆量	kg/h
	底漆、色漆	往复式喷涂箱	供漆量	kg/h
		淋涂机	供漆量	kg/h
		静电悬杯喷涂设施	供漆量	kg/h
		静电旋蝶喷涂设施	供漆量	kg/h
		机械手喷涂设施	供漆量	kg/h
		干燥室/烘干室	面积	m^2
		烘干窑	体积	m^3
		电加热干燥设施	功率	kW
		微波干燥设施	功率	kW
		红外干燥设施	功率	kW
		底漆砂光机	功率	kW
		水幕机	排气量	m^3/h
			循环水量	m^3/h

家具制造企业排污单位废水类别、污染物种类及污染防治设施详见表1-3。

表 1-3　家具制造企业排污单位废水类别、污染物种类及污染防治设施一览表

废水类别或废水来源	污染物种类	污染防治设施		排放去向	排放口类型
		污染防治设施名称及工艺	是否为可行技术		
金属家具磷化槽或生产设施废水	总镍	生产车间处理设施：水量调节、pH 调节混凝、沉淀、过滤、其他深度处理设施	是/否（如果采用不属于《家具制造工业污染防治可行技术指南》对污染防治可行性技术要求中的技术，应提供相关佐证材料）	金属家具磷化槽或生产设施车间废水处理设施	—
金属家具磷化槽或生产设施车间废水处理设施排水	磷酸盐ᵃ（以磷计）	—		排污单位综合废水处理设施	一般排放口
金属家具前处理冲洗水	pH 值、COD、BOD₅、NH₃-Nᵇ、SS、磷酸盐（以磷计）	预处理设施：除油、沉淀、过滤等；生化处理设施：好氧、水解酸化-好氧、厌氧-好氧、兼性-好氧等；深度处理设施：生物滤池、过滤、混凝沉淀（或澄清）等；其他深度处理设施		排污单位综合废水处理设施	—
设备冲洗水				市政污水处理厂	
生活污水ᶜ				地表水体	
生活污水ᵈ	pH 值、COD、BOD₅、NH₃-N、SS	生活污水处理设施：调节池、好氧生物处理、消毒、其他深度处理设施		市政污水处理厂	一般排放口
				地表水体	
排污单位综合废水处理设施排水	pH 值、COD、BOD₅、NH₃-N、SS、磷酸盐（以磷计）	排污单位生产废水排放管网系统		市政污水处理厂	
				地表水体	

注：a. 磷酸盐仅针对具有磷化工艺的金属家具制造排污单位。

　　b. NH₃-N：氨氮。

　　c. 排污单位生活污水排入全厂综合废水处理设施，目的是提高废水的可生化性。

　　d. 生活污水单独排放口。

4. 家具生产行业废水执行的排放标准

无电镀工序生产设施家具制造企业废水排放执行《污水综合排放标准》（GB 8978—1996），详见表 1-4。

表 1-4　水质标准中主要指标浓度值　　　　　　　　　mg/L

主要指标		COD_{Cr}	BOD_5	SS	NH_3-N	TP^a
一般污水		250~300	100~150	150~200	30(TKN^b=40)	4~5
国家排放标准 (GB 8978—1996)	一级 A	50	10	10	5(8)	1
	一级 B	60	20	20	8(15)	1.5
	二级	100	30	30	25(30)	3
	三级	120	60	50	—	5
中水回用(冲厕)		—	10	5	10	—
地表水	I 类	<15	<3	无漂浮 沉积物	0.5	0.02
	II 类	<15	3		0.5	0.1(0.25)
	III 类	15	4		1	0.1(0.05)
	IV 类	20	6		2	0.2
	V 类	25	10		2	0.2
一般景观用水		COD_{Mn}	8	透明度 >0.5m	0.5	0.05
生活饮用水		感官性状与一般化学指标;毒理学指标;细菌学指标;反射性指标				

注:a. TP:总磷。
　　b. TKN:凯氏氮。

　　有电镀工序生产设施的企业污染物排放执行《电镀污染物排放标准》(GB 21900—2008),详见表 1-5。

表 1-5　电镀污染物排放限值

序号	污染物项目	排放限值	污染物排放监控位置
1	总铬(mg/L)	1.0	车间或生产设施废水排放口
2	六价铬(mg/L)	0.2	车间或生产设施废水排放口
3	总镍(mg/L)	0.5	车间或生产设施废水排放口
4	总镉(mg/L)	0.05	车间或生产设施废水排放口
5	总银(mg/L)	0.3	车间或生产设施废水排放口
6	总铅(mg/L)	0.2	车间或生产设施废水排放口
7	总汞(mg/L)	0.01	车间或生产设施废水排放口
8	总铜(mg/L)	0.5	企业废水排放口
9	总锌(mg/L)	1.5	企业废水排放口
10	总铁(mg/L)	3.0	企业废水排放口
11	总铝(mg/L)	3.0	企业废水排放口
12	pH 值	6~9	企业废水排放口
13	悬浮物(mg/L)	50	企业废水排放口

（续）

序号	污染物项目	排放限值	污染物排放监控位置
14	化学需氧量（mg/L）	80	企业废水排放口
15	氨氮（mg/L）	15	企业废水排放口
16	总氮（mg/L）	20	企业废水排放口
17	总磷（mg/L）	1.0	企业废水排放口
18	石油类（mg/L）	3.0	企业废水排放口
19	氟化物（mg/L）	10	企业废水排放口
20	总氰化物（CN⁻计，mg/L）	0.3	企业废水排放口
单位产品基准排水量（镀件镀层）（L/m²）	多层镀	500	排水量计量位置与污染物排放监控位置一致
	单层镀	200	

【任务实施】

1. 根据家具制造企业的工艺图配套原料与设备

1）绘制家具制造企业工艺图

企业生产的实木家具包括书桌、衣柜和床等，生产过程包括实木干燥工序、木工工序、喷涂工序及包装工序。具体工艺流程图如图1-4所示。

①烘干　实木家具生产前需对外购经灭虫处理的原木进行干燥处理，去除木材中多余的水分。

②开料　利用推锯台、带锯机等设备，按照设计及工艺要求，将经干燥处理的木材裁锯成各种规格。

③铣型　使用镂铣机、雕花机、铣床、刨床、制榫机、铣槽机、梳齿机等设备对各产品部件按照设计及工艺要求铣凿成型。

④精砂　使用单立轴、窜动砂、气鼓砂、手压砂等设备将铣凿成型的产品部件进行打磨，使其去棱除糙平顺圆畅，便于底漆均匀附着。

⑤封边　利用封边带对已成型部件四周的裸露部分进行包裹，避免木材因碰撞而损坏或因过量吸入水分而变形。封边带选用自带黏胶剂的，成品在封边过程中无须涂胶。

⑥钻孔　主要是利用三排钻、四排钻、5013排钻、六排钻等钻孔机械，按照设计及工艺要求在各产品部件的指定位置进行打眼钻孔，以便于各种扣件、部件、装饰件及整个产品的顺利安装。

⑦预埋　在装配孔内人工放入膨胀螺丝等预埋件。

⑧喷底漆　在密闭一体式喷漆房内，利用手动喷枪按照设计及工艺要求将底漆喷涂在部件表面。喷漆后，在喷漆房自带的烤漆区内，采用天然气蒸汽锅炉烘干8h。一体式喷漆房含喷漆区和烤漆区，喷漆区设水幕除尘器。

烘干

开料

铣型

精砂

封边

钻孔

预埋

喷底漆

底漆打磨

喷面漆

包装入库

↓

产品

图1-4　实木家具生产工艺流程图

⑨底漆打磨　按照设计要求，利用磨光机对已喷底漆的部件表面进行砂磨，目的是使表面更为光滑平顺，便于面漆均匀附着。

⑩喷面漆　在密闭一体式喷漆房内，利用手动喷枪按照设计及工艺要求将面漆喷涂在工件表面。喷漆后，在喷漆房自带的烤漆区内，采用天然气蒸汽锅炉烘干8h。

⑪包装入库　使用泡沫、成品包装纸箱等对已制作完成的成品部件进行包裹后，用胶带封口，转入库房暂存或外卖。

2)配套工序原料和设备

根据前述工序流程图，对每个工序配套原料和设备，如图1-5所示。

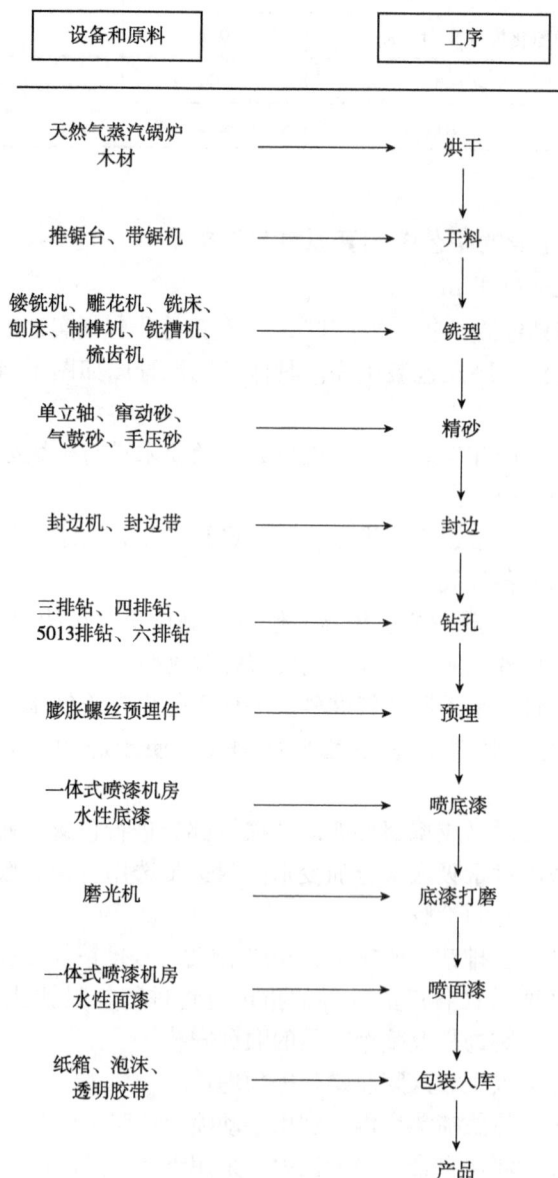

图1-5　配套设备和原料的工艺流程图

2. 分析生产废水来源及其性质

生产废水主要为喷漆工序产生的水幕除尘水和锅炉排水，如图 1-6 所示。

1) 水幕除尘水

水幕除尘水又称水帘除尘循环水，来源于喷漆工序，此工序采用水幕除尘的方式对漆雾进行处理，废水中含大量漆雾颗粒，主要污染物为 COD、BOD、NH_3-N、SS。

2) 锅炉排水

天然气蒸汽锅炉自带软水系统，锅炉排水主要为软水制备产生的废水，为清下水，主要污染物为盐类。

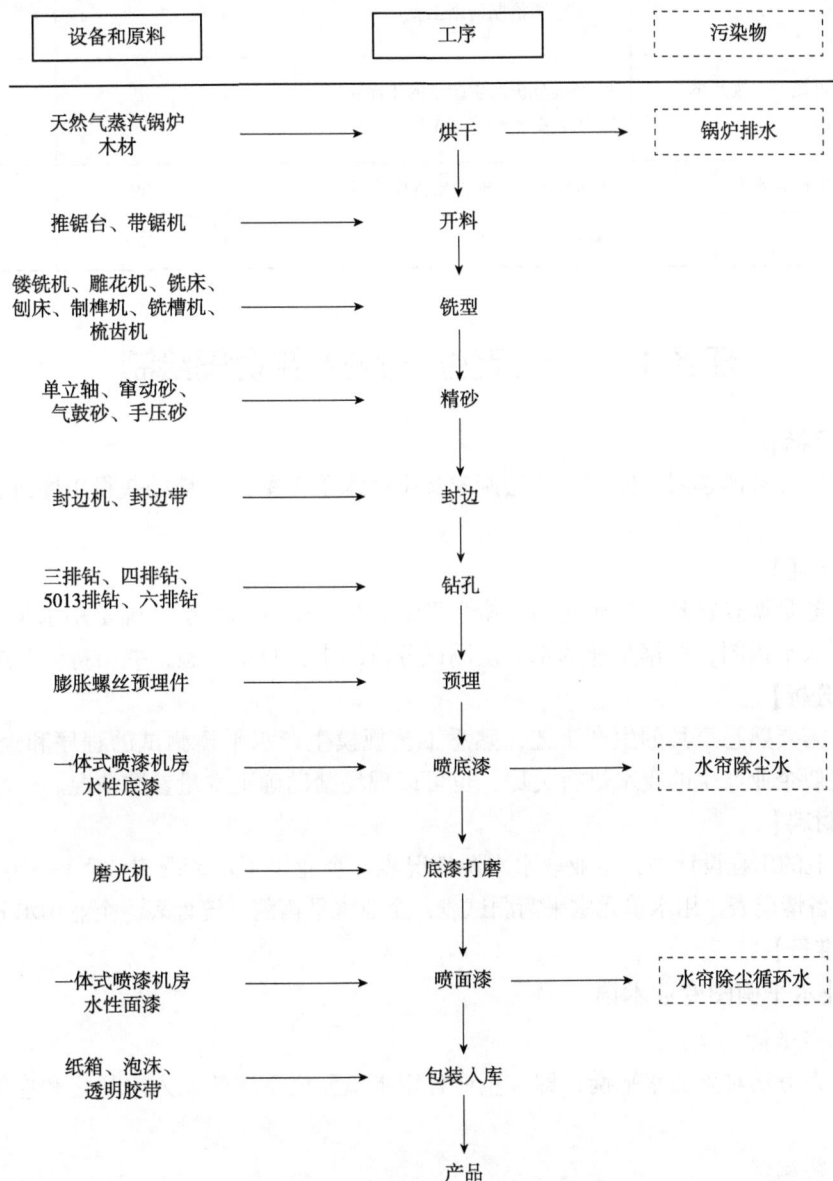

设备和原料	工序	污染物
天然气蒸汽锅炉 木材	烘干	锅炉排水
推锯台、带锯机	开料	
镂铣机、雕花机、铣床、刨床、制榫机、铣槽机、梳齿机	铣型	
单立轴、窜动砂、气鼓砂、手压砂	精砂	
封边机、封边带	封边	
三排钻、四排钻、5013排钻、六排钻	钻孔	
膨胀螺丝预埋件	预埋	
一体式喷漆机房 水性底漆	喷底漆	水帘除尘水
磨光机	底漆打磨	
一体式喷漆机房 水性面漆	喷面漆	水帘除尘循环水
纸箱、泡沫、透明胶带	包装入库	
	产品	

图 1-6　配套产生废水的工艺流程图

【任务评价】

序号	任务内容	任务要求	分值	得分
1	绘制家具生产工艺流程图	1. 工艺流程完整无误； 2. 对每一个工序进行简要介绍； 3. 工艺图绘制清晰工整	20	
2	绘制配套设备和原料的工艺流程图	1. 配套工序原料完整准确； 2. 配套工序设备完整准确； 3. 工艺图绘制清晰工整	30	
3	绘制可能产生废水的工艺流程图	1. 准确分析产生废水的工序； 2. 工艺图绘制清晰工整	20	
4	分析生产废水来源性质	准确分析废水的性质特征特点	30	
	总分		100	

任务 1-2　家具生产行业水平衡图绘制

【任务目标】

通过本次任务的学习，能够熟练绘制家具生产水平衡图，对踏勘获得工序进行水平衡分析。

【任务描述】

本次任务是调查家具生产企业的供排水平衡。根据供排水平衡，确定用水量和排水量特点，绘制水平衡图，根据企业的水平衡测试分析结果，总结经验，提出持续改进方案。

【任务分析】

本任务需要熟悉家具的生产工艺，熟悉工艺规模生产水平衡测试的程序和经验参数，可以采用类似企业产生的废水进行类比，也可以现场踏勘确定水量参数情况。

【工具材料】

家具企业的工程设计书，企业取水水源情况表，企业年用水情况表（近3~5年），全厂计量水表配备情况表，用水单元水平衡测试表，企业水平衡测试统计表，企业用水分析表。

【知识准备】

1. 企业水平衡图专业术语

1）企业水平衡

以企业为考察对象的水平衡，即该企业各用水单元或系统的输入水量之和应等于输出水量之和。

2）水平衡测试

对用水单元和用水系统的水量进行系统的测试，统计、分析得出水平衡关系的过程。

3）新水量

企业内用水单元或系统取自任何水源被该企业第一次利用的水量。

4）用水量

在确定的用水单元或系统内，使用的各种水量的总和，即新水量和重复利用水量之和。

5）循环水量

在确定的用水单元或系统内，生产过程中已用过的水，再循环用于同一过程的水量。

6）串联水量

在确定的用水单元或系统，生产过程中产生的或使用后的水量，再用于另一单元或系统的水量。

7）重复利用水量

在确定的用水单元或系统内，使用的所有未经处理和处理后重复使用的水量的总和，即循环水量和串联水量的总和。

8）耗水量

在确定的用水单元或系统内，生产过程中进入产品、蒸发、飞溅、携带及生活饮用等所消耗的水量。

9）排水量

对于确定的用水单元或系统，完成生产过程和生产活动之后排出企业之外以及排出该单元进入污水系统的水量。

10）回用水量

企业产生的排水，直接或经处理再利用于某一用水单元或系统的水量。

11）漏失水量

企业供水及用水管网和用水设备漏失的水量。

12）取水量

工业企业直接取自地表水、地下水和城镇供水工程以及企业从市场购得的其他水或水的产品的总量。

2. 企业用水分类

企业用水按其生产过程可分为主要生产用水、辅助生产用水、附属生产用水（不包括居民生活用水、外供水、基建用水）。具体分类如图1-7所示。

主要生产用水是指主要生产系统（主要生产装置、设备）的用水；辅助生产用水是指为主要生产系统服务的辅助生产系统（包括工业水净化单元、软化水处理单元、水汽车间、循环水场、机修、空压站、污水处理场、储运、鼓风机站、氧气站、电修、检化验等）的用水；附属生产用水是指在厂区内，为服务生产的各种服务、生活系统（如厂办公楼、科研楼、厂内食堂、厂内浴室、保健站、绿化、汽车队等）的用水。

3. 企业用水技术档案

企业应建立用水技术档案，其内容包括：

①用水、节水的相关规章、制度；

```
                                                    ┌─────────────┐
                                    ┌────────────── │ 间接循环冷却水 │
                          ┌──────┐  │               └─────────────┘
                    ┌──── │间接冷却水│ │               ┌─────────────┐
                    │     └──────┘  └────────────── │ 间接直流冷却水 │
                    │                               └─────────────┘
          ┌──────┐  │     ┌──────┐     ┌─────────────┐
          │主要生产用水│──┼──── │ 工艺用水 │──── │  产品用水  │
          └──────┘  │     └──────┘     └─────────────┘
                    │                    ┌─────────────┐
          ┌──────┐  │     ┌──────┐──── │  洗涤用水  │
  ┌────┐  │      │  ├──── │ 产汽用水 │     └─────────────┘
  │外购水│──┐ │企业  │──┤     └──────┘     ┌─────────────┐
  └────┘  ├─│用水  │  │               │ 直接冷却水 │
  ┌────┐  │ │      │  │     ┌──────┐     └─────────────┘
  │水源取水│─┘ └──────┘  └──── │ 其他  │     ┌─────────────┐
  └────┘              │     └──────┘──── │   其他   │
                      │                 └─────────────┘
                      │    ┌─────────┐
                      ├─── │ 辅助生产用水 │
                      │    └─────────┘
                      └─── │ 附属生产用水 │
                           └─────────┘
```

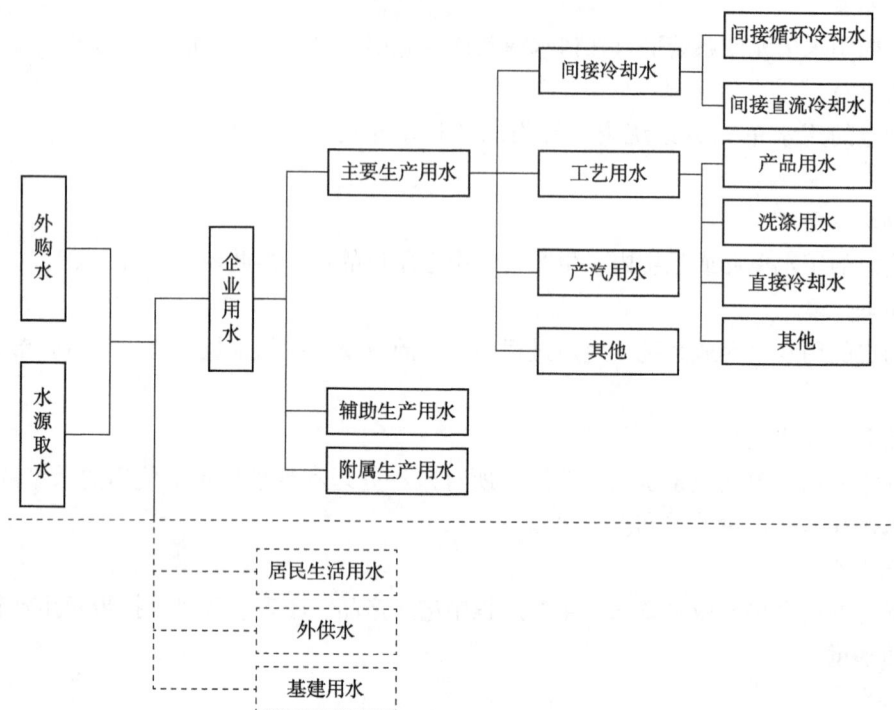

图 1-7　企业用水分类

②各种水源(自来水、地下水、地表水及其他水源)的水量、水质和水温参数;

③供水、排水管网图;

④水表配备系统图;

⑤供水、用水、排水日常记录台账及相关汇总表格;

⑥近年用水、节水技术改造情况;

⑦近年的水平衡测试文件。

企业用水技术档案应完整,内容真实和详尽。企业应由专人对用水技术档案进行管理,并对档案进行不断更新。企业应完善企业生产技术档案,包括人员、设备、产品、规模、产量、产值等。

4. 水平衡图示与水平衡方程式

以水的流向表示进入(输入)和排出(输出)生产单元或系统的水量,与其化学成分和物理状态无关。水平衡基本图示如图 1-8 所示。

输入表达式:

$$V_{cy}+V_f+V_S=V_t \tag{1-1}$$

输出表达式:

$$V_t=V_{cy}{}'+V_{co}+V_d+V_l+V_S{}' \tag{1-2}$$

输入输出平衡方程式:

$$V_{cy}+V_f+V_S=V_{cy}{}'+V_{co}+V_d+V_l+V_S{}' \tag{1-3}$$

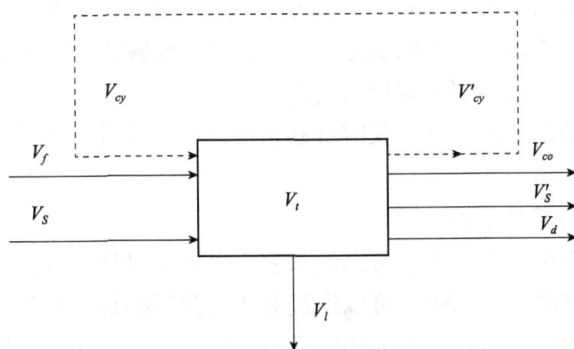

图 1-8　水平衡基本图示

式中　V_{cy}、V'_{cy}——循环水量，m^3；

　　　V_f——新水量，m^3；

　　　V_S、V'_S——串联水量，m^3；

　　　V_t——用水量，m^3；

　　　V_{co}——耗水量，m^3；

　　　V_d——排水量，m^3；

　　　V_l——漏失水量，m^3。

5. 水量测试方法

1）用水单元的划分

根据生产流程或供水管路等特点，把具有相对独立性的生产工序、装置（设备）或生产车间、部门等，划分为若干个用水系统（单元），即水平衡测试的子系统。

2）测试水量的时段选取

选取生产运行稳定的有代表性的时段，每次连续测试时间为 48~72h，每 24h 记录一次，共取 3~4 次测试数据。

3）测试参数

（1）水量参数

需要测试的水量参数有新水量 V_f、循环水量 V_{cy} 或 V'_{cy}、串联水量 V_S 和 V'_S、耗水量 V_{co}、排水量 V_d 和漏失水量 V_l；

（2）水质参数

企业主要用水点和排水点的水质测试，应根据本地区和企业具体情况确定。

（3）水温参数

应测定循环水进出口及对水温有要求的串联水的控制点的水温。

4）漏失水量的测定

①对于有条件停水的系统或单元，可选择适当的时间，如公休日等，关闭全部用水阀门，若水表持续走动，则表明管网有漏水，水表的读数可近似认为是该区的漏失水量。

②采用容积法或现场安装超声波流量计等方法对全部水表进行校验，当二级水表的计量率为 100% 时，一级水表计量数值与二级水表计量数值之差即为漏失水量。

③当无条件对全部水表进行校验，二级水表的计量率为100%，一级水表计量数值与二级水表计量数值大于3%时，可近似认为一级水表计量数值与二级水表计量数值之差为该区的漏失水量，具体取值依据水表校验情况而定。

④对可能漏水的部位进行检查，及时维修。确保用水系统无异常泄漏以后，进行水平衡测试。

5）其他水量数值的获得方法

①对于用水档案齐全，有稳定、可靠的水表、电磁流量计、孔板流量计、涡接流量计等计量资料并记录完整的用水系统，可以通过对历史数据的统计分析得到水量数值。

②对于用水定额稳定、运行可靠的用水设备，可采用设备的用水定额值。

③实测水量可以采用水表计量、容积法、流速法、堰测法以及便携超声波流量计方法等测定。

6. 企业水平衡测试程序

企业水平衡测试包括4个阶段：准备阶段、实测阶段、汇总阶段、分析阶段，具体步骤如图1-9所示。

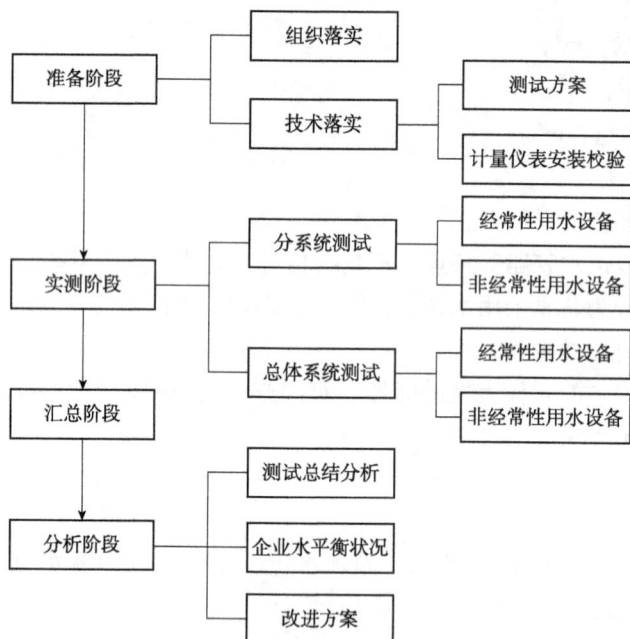

图1-9　水平衡测试工作程序框架图

1）准备阶段

①制订企业水平衡测试方案。

②查清测试系统中各用水环节、用水工艺及用水设备的基础情况。具体如下：

●备齐水表、流量计、温度表、秒表等测量工具，按照测试方案安装、校验计量仪表。

●检查全厂各供水点及用水点的水表配备率及水表计量率。

●水计量器具的配备要求应符合国家相应的法律法规或技术规范。

③提取企业用水技术档案，编制各种记录和统计空白表单。

● 提取编制企业水平衡的记录和统计主要登记表格。

● 各行业、各企业可以根据其用水的不同工艺和流程，编制符合自身用水特点的各种记录和统计表单，但记录和统计表单应能全面、真实反映企业的用水情况。

④绘制用水流程图。根据企业用水管网图和用水工艺，绘制出企业内用水流程图，包括企业层次的、车间或用水系统层次的、重要装置或设备(用水量大或新水量大)层次的用水流程图。

在用水量测试时，如发现用水流程图和实际情况不符，应对用水流程图进行及时修正和调整。

⑤根据生产档案，整理、填写和校验企业取水水源情况表、企业生产情况统计表、全厂计量水表配备情况等基础表格。详见表 1-6 至表 1-8。

表 1-6　企业取水水源情况表

序号	水源类别	新水量						水质				主要用途	备注
		常规水资源			非常规水资源			水温(℃)	pH值	硬度(mg/L CaCO₃)	浊度(NTU)		
		设计取水量(m³/d)	实际取水量(m³/d)	输水管径规格(mm)×数量	设计取水量(m³/d)	实际取水量(m³/d)	输水管径规格(mm)×数量						
合计													

注：1. "水源类别"栏：当企业有多种水源时，应分别按常规水资源与非常规水资源填报；常规水资源取水量包括地表水、地下水、自来水、外购软化水、外购蒸汽等；非常规水资源包括海水、苦咸水、城镇污水再生水、矿井水等。

　　2. 有多条输水管时，应依次列出管径。

　　3. 备注栏内注明水资源费、制水成本等。

表 1-7　企业生产情况统计表

企业名称：　　　　　　　　　　　　　　　　　　　　日期：

序号	时间	工业生产原料	产品名称	设计产量(t/d)	实际产量(t/d)	取水量(m³/d)	单位产品取水量(m³/d)

注：1. 企业生产情况应根据企业产品取水量定额考核的内容填报，按考核要求填报生产原料数量或产品产量，其数量应与水平衡测试的时间与数量对应。

　　2. 单位产品取水量根据实际情况自定。

表 1-8　全厂计量水表配备情况

序号	水表编号	所在位置	计量范围	水表型号	水表精度	备注

2）实测阶段

①水源取水测试，测试水源日取水量、水压、水温、水质参数。

②进行各水量的测试。

3）汇总阶段

（1）填写测试数据

①以水量为参数，按工艺流程或用水流程逐项填写用水单元水平衡测试表，详见表 1-9。

②汇总各生产用水单元水平衡测试表，填写企业水平衡测试统计表（表 1-10）以及企业年用水情况表（近 3~5 年）（表 1-11）。

（2）绘制水平衡方框图

①绘制企业、车间或用水系统层次及重要装置和设备的水平衡方框图（图 1-10 至图 1-13），各用水单元均用方框表示，方框内写明用水单元的名称，方框之间的相对位置，既要考虑与实际工艺流程一致，又要考虑水量分配关系清晰、明了。

②标注各种水量参数，水流走向用箭头标明。

③水平衡方框图中的用水单元的名称、数量、水量等及用水的分类要与测试数据及其汇总数据对应。

4）分析阶段

（1）企业水平衡计算

①水平衡计算单位应以 m^3/d 计。

②水平衡计算公式见式（1-3）。

③水平衡计算允许误差应根据不同行业、不同生产规模确定。

（2）企业水平衡测试后评估及改进措施

①应依据以下内容，对水平衡测试过程进行后评估，评估水平衡测试是否科学，其测试数据是否准确，测试结果是否符合实际；计量仪器仪表安装是否齐全，并保持完好运转无误；水平衡测试过程是否进展顺利，各项步骤是否完成无误。

②根据企业的水平衡测试结果，按《取水定额》（GB/T 18916）、《节水型企业评价导则》（GB/T 7119—2018）等标准有关要求，计算本企业各种用水评价指标，包括单位产品取水量、重复利用率、漏失率、排水率、废水回用率、冷却水循环率、蒸汽冷凝水回用率、达标排放率、非常规水资源替代率等评价指标，具体用水分析表格可参照表 1-12。

③根据企业的水平衡测试分析结果，总结经验，提出持续改进方案。

•改进和完善企业日常计量统计制度和方法，提高用水计量统计的精度；分析测算相关节水改造项目的节水效益和成本。

表 1-9　用水单元水平衡测试表

m³/d

日期	工序或设备名称	输入水量												输出水量										
		新水量				循环水量					串联水量			循环水量			串联水量						排水量	漏失水量	耗水量
						直接冷却循环水量	间接冷却循环水量	其他循环水量	蒸汽冷凝水回用量	回用水量															
		1	2	3	4	5	6	7	8	9	10	11	12	13	14	15	16	17	18	19	20	21	22	23	24

注：新水量、循环水量以及串联水量的空格依据各用水单元情况填写，表中填项仅供参考。

测试日期：

表 1-10 企业水平衡测试统计表

m³/d

用水分类	序号	用水单元名称	新水量							重复利用水量						其他水量		
			常规水资源量				非常规水资源量			直接冷却循环水量	间接冷却循环水量	其他循环水量	蒸汽冷凝水回用量	回用水量	其他串联水量	排水量	漏失水量	耗水量
							城镇污水再生水											
			1.1	1.2	1.3	1.4	2.1	2.2	2.3	3	4	5	6	7	8	9	10	11
主要生产用水																		
辅助生产用水																		

（续）

用水分类	序号	用水单元名称	新水量							重复利用水量						其他水量		
			常规水资源量				非常规水资源量			直接冷却循环水量	间接冷却循环水量	其他循环水量	蒸汽冷凝水回用量	回用水量	其他串联水量	排水量	漏失水量	耗水量
							城镇污水再生水											
			1.1	1.2	1.3	1.4	2.1	2.2	2.3	3	4	5	6	7	8	9	10	11
附属生产用水																		
水量合计																		

取水量计算　　取水量 = 1.1+1.2+1.3+1.4+2.1

总用水量计算　　总用水量 = 新水量 + 重复利用水量

注：1. "新水量"栏按本企业水源类别及名称填报。

　　2. 非常规水资源中的"城镇污水再生水"填报在 2.1 栏。

　　3. 各用水单元水平衡测试表中数据的平均值列入本统计表。

表1-11　企业年用水情况表(近3~5年)

年份	新水量(万 m³)					重复利用水量(万 m³)						其他水量(万 m³)			考核指标								
						直接冷却循环水量	间接冷却循环水量	其他循环水量	蒸汽冷凝水回用量	回用水量	其他串联水量	排水量	漏失水量	耗水量	单位产品取水量	重复利用率	直接冷却水循环率	间接冷却水循环率	蒸汽冷凝水回用率	废水回用率	漏失率	达标排放率	非常规水资源替代率

注: 1. "新水量"栏按本企业不同水源类别,分别填在空格中。

2. 当工业用水中有直流冷却水量时,应自行增加直流冷却水用量栏。

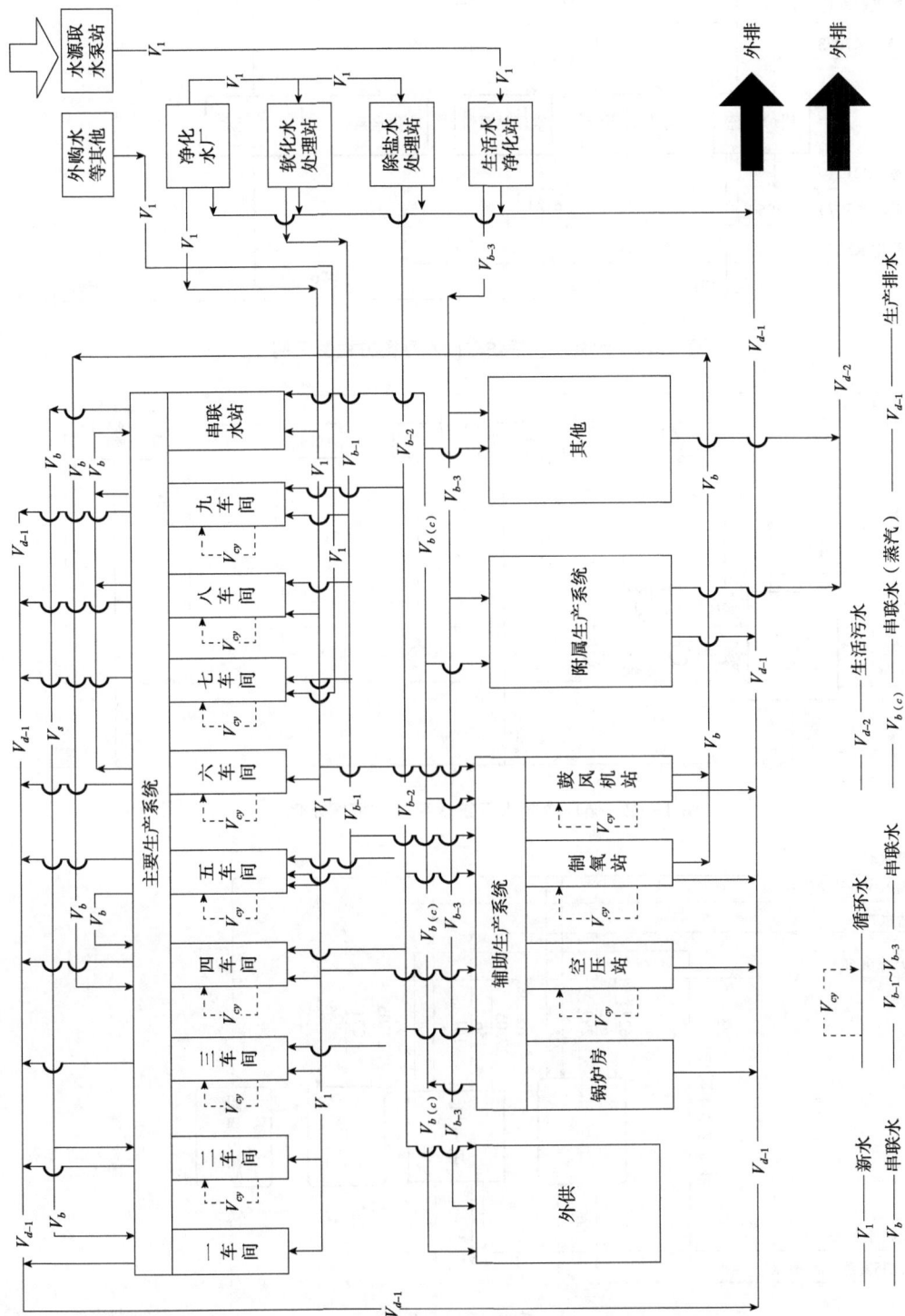

图1-10 企业水平衡方框图示例

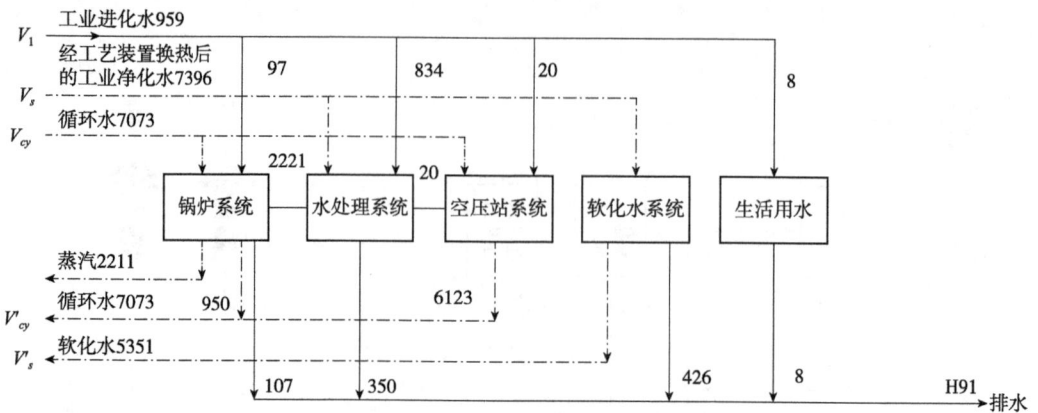

图 1-11 水处理、锅炉车间水平衡方框图示例

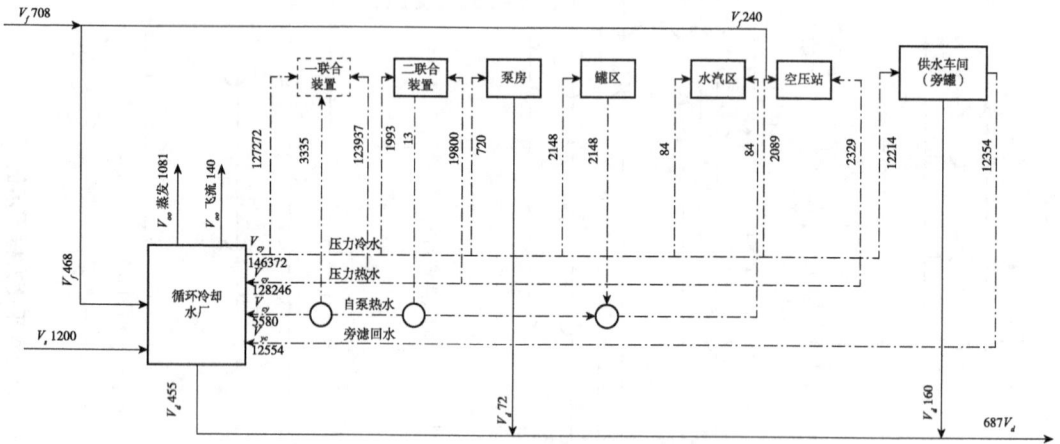

图 1-12 循环冷却水系统水平衡方框图示例

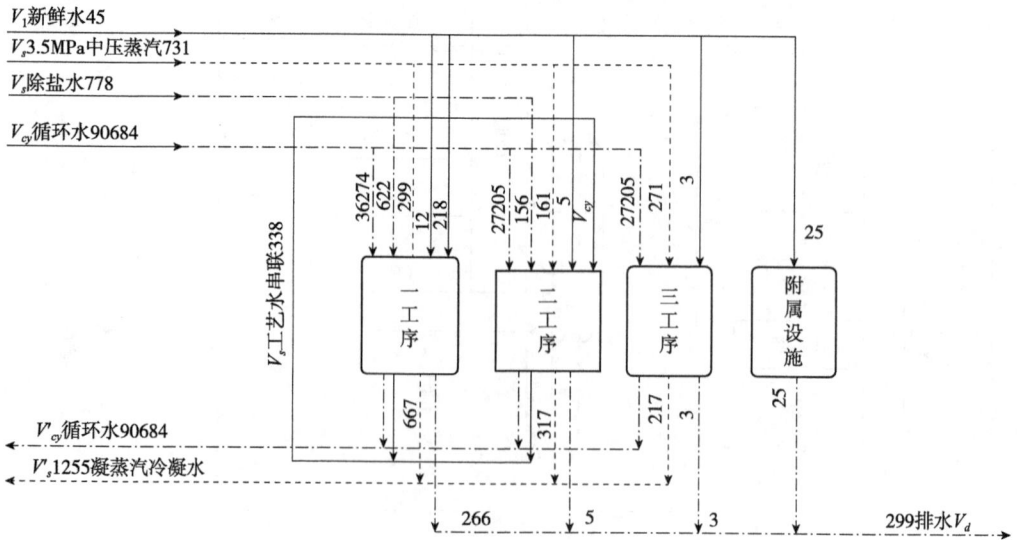

图 1-13 工艺装置水平衡方框图示例

表 1-12　企业用水分析表

用水类别		用水量 (m³/d)	用水量占总用水量的比例 (%)	新水量 (m³/d)	新水量占总新水量的比例 (%)	重复利用水量 (m³/d)	排水量 (m³/d)	耗水量 (m³/d)	漏失水量 (m³/d)
主要生产用水	间接循环冷却水								
	间接直流冷却水								
	产品用水								
	洗涤用水（循环）								
	洗涤直流（直流）								
	直接冷却水								
	其他								
辅助生产用水	直接冷却								
	间接冷却								
	洗涤用水								
	其他								
附属生产用水	办公								
	绿化								
	食堂								
	浴室								
	其他								
生产用水总计									
单位产品取水量：		直接冷却水循环率：		冷凝水回用率：		漏失率：		达标排放率：	
重复利用率：		间接冷却水循环率：		排水率：		废水回用率：		非常规水资源替代率：	
基建									
居民生活									
外供									

（续）

用水类别	用水量 （m³/d）	用水量占总用水量的比例（%）	新水量（m³/d）	新水量占总新水量的比例（%）	重复利用水量（m³/d）	排水量（m³/d）	耗水量（m³/d）	漏失水量（m³/d）
消防等其他								
非生产用水总计								

注：各用水指标的计算方法参见《节水型企业评价导则》（GB/T 7119—2018）。

● 与同类企业的水平进行比对或对标自检，挖掘企业内节水潜力；提出企业取水、用水、排水、节水的改进措施。

【任务实施】

1. 统计企业水平衡测试数据

企业水平衡测试数据主要用表格统计，一般应包括以下表格：

①企业取水水源情况表；

②企业年用水情况表（近3~5年）；

③企业生产情况统计表；

④全厂计量水表配备情况表；

⑤用水单元水平衡测试表；

⑥企业水平衡测试统计表（表1-13）；

⑦企业用水分析表。

2. 确定生活用水量和污水量

本项目不设置食堂，员工就餐采用外送方式进行，无食堂废水。项目生活用水主要为卫生间用水。公司员工100人。生活用水以0.1m³/（d·人）计，用水量为10m³/d，生活废水产生量为10m³/d。

3. 确定生产用水量和废水量

本项目生产用水主要为锅炉用水、水性涂料稀释用水、喷漆房水幕除尘用水。

水性涂料用量约105t/年，稀释剂与水性涂料配比约为1:10，因此水性涂料稀释用水年耗量约10.5m³/年，即0.035m³/d（一年按300d计算）。

水幕除尘水定期采用"絮凝+气浮"的方式处理后回用。蒸发造成的损耗定期由自来水进行补充，约1m³/d。

项目原料干燥、喷漆后烘干工序均采用1台2t/h天然气蒸汽锅炉供热，锅炉自带软水系统，排水约占进水量的10%，为清下水，由废水总排口排放。

项目自来水用量预计20.035m³/d，其中，生产用水10.035m³/d，生活用水10m³/d。

从水平衡图可见，本项目工程总用水量110.035m³/d，重复利用水量85m³/d，补充总的新水量为20.035m³/d，重复利用水量为85m³/d，新水量为20.035m³/d。

总用水量=重复利用水量+新水量=85+20.035=105.035（m³/d）

水重复利用率=重复用水量/总用水量=85/105.035=80.9%

测试日期：

表1-13　企业水平衡测试统计表

m³/d

用水分类	序号	用水单元名称	新水量		重复利用水量						其他水量		
			常规水资源量	非常规水资源量（城镇污水再用水）	直接冷却循环水量	间接冷却循环水量	其他循环水量	蒸汽冷凝水回用量	回用水量	其他串联水量	排水量	漏失水量	耗水量
主要生产用水	1	喷漆车间	0.035	0	0.035	0	0	0	0	0	0	0	0
	2	锅炉	7	0	10	0	0	0	0	0	1	6	0
辅助生产用水	3	大理石加工除尘	1	0	0	0	0	0	20	0	0	1	0
	4	水幕除尘	2	0	0	0	0	0	55	0	0	2	0
附属生产用水	5	生活	10	0	0	0	0	0	0	0	0	0	0
水量合计			20.035	0	10.035	0	0	0	75	0	12	8	0
取水量计算			20.035										
总用水量计算			105.035										

4. 绘制水平衡图

水平衡情况如图1-14所示。

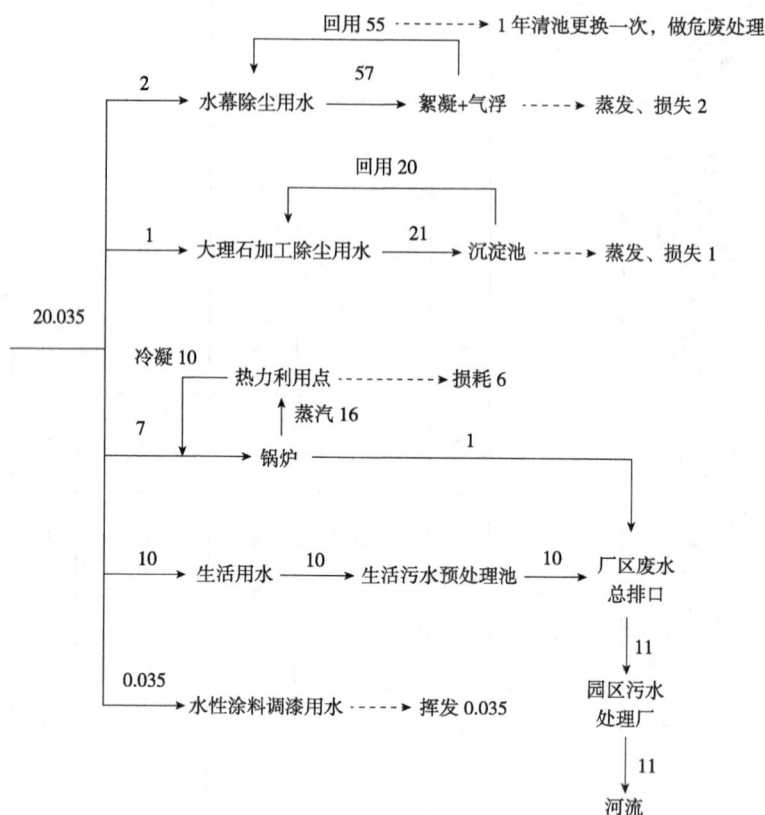

图1-14 水平衡图(单位：m³/d)

【任务评价】

序号	任务内容	任务标准	分值	得分
1	统计企业水平衡测试数据	1. 完成企业取水水源情况表； 2. 完成企业年用水情况表(近3~5年)； 3. 完成企业生产情况统计表； 4. 完成全厂计量水表配备情况表； 5. 完成用水单元水平衡测试表； 6. 完成企业水平衡测试统计表； 7. 完成企业用水分析表	20	
2	确定生活用水量和污水量	1. 计算参数的选取有依据； 2. 有计算过程和结果； 3. 计算和统计无误	20	

（续）

序号	任务内容	任务标准	分值	得分
3	确定生产用水量和废水量	1. 计算参数的选取有依据； 2. 有计算过程和结果； 3. 计算和统计无误	30	
4	绘制水平衡图	1. 参照前述统计数据进行准确绘制； 2. 按照标准进行各单元水平衡图绘制； 3. 绘制水平衡图整体美观整洁	30	
	总分		100	

项目 2　家具生产行业废水处理工艺设计

【项目情景】

小张实习所在的环保工程公司承接了某家具产业园废水处理站的建设工程，要求小张等技术员根据家具生产行业废水的特点，尽快为废水处理站进行工艺设计，实现家具产业园废水达标排放。

【学习目标】

≫ 知识目标

(1)掌握废水处理单元。

(2)掌握废水处理单元的去除原理和特点。

(3)掌握废水处理工艺的适用范围。

≫ 技能目标

(1)会根据废水水质特点选择处理工艺。

(2)会进行废水处理工艺设计。

(3)会设计家具生产行业废水处理工艺流程。

≫ 素质目标

培养统筹兼顾、融会贯通、严谨细致的职业素养，以及主动沟通的意识。

任务 2-1　认识废水处理单元

【任务目标】

学习并掌握废水处理的基本单元、污染物去除的原理和特点，为后续家具生产行业废水处理工艺设计打下良好的理论基础。

【任务描述】

本任务主要是学习有关废水处理单元的理论知识。

【任务分析】

针对本次任务，需要先熟悉六联搅拌器的使用操作和注意事项，根据给定的模拟废水，利用六联搅拌器开展混凝试验，观察混凝试验现象，探究混凝剂投加量对混凝效果的影响。

【工具材料】

六联搅拌器，浊度仪，聚硫酸铁，纯牛奶，移液管，烧杯等器材。

【知识准备】

1. 家具废水处理常见工艺

在家具废水处理工艺中常见的工艺有混凝–Fenton 化学氧化法和加压生化–混凝气浮法。

1）混凝–Fenton 化学氧化法

处理喷漆废水的工艺：原废水→混凝→过滤→氧化→中和→过滤→出水。

这种方法主要是针对不同的 COD 体系，让混凝 COD 去除率不断上升，因此需要选择合适且质量好的混凝剂，以及创造出最好的运行条件。对混凝剂的投放须严格控制，投放的药量不同会影响混凝剂吸附在颗粒上的形态，另外水的 pH 值、颗粒浓度、水的流动情况等也须注意。

氧化阶段主要是采用强氧化剂来氧化分解污染物，这是纯粹的化学处理方法，这里用的氧化剂是过氧化氢和亚铁离子的结合即 Fenton，这是一种氧化能力相当强的氧化剂，主要用它来氧化难以生物降解和氧化能力低的污染物。

2）加压生化–混凝气浮法

处理喷漆废水的工艺流程：混凝→气浮→加压曝气反应器→混凝沉淀→出水。

在处理家具喷漆废水之前，根据不同的出水水质，利用电泳除去废水中的悬浮物，接着使用脱脂、表调废水以及酸洗来调节水的 pH 值，为进入加压曝气反应器做准备。加压曝气反应器中主要是降解 COD，经过一系列处理，出水就可以和磷酸盐废水混合，从而沉淀除磷达到污水排放标准。

加压曝气生化反应器中还可以对喷漆废水中的有机物进行生物处理，就是在对废水中的有机物进行处理时，利用微生物新陈代谢产生的物质进行生物化学反应，将有机物分解为 CO_2、H_2O 等无毒物质，达到废水处理的目标。

2. 混凝沉淀法

混凝沉淀法是一种水处理方法，主要用于去除废水中难以通过自然沉淀去除的细小悬浮物和胶体微粒。这个过程包括混合、凝聚和絮凝 3 个阶段，称为混凝。

在混凝过程中，通过向废水中投加药剂（混凝剂），使药剂与废水中的悬浮物和胶体微粒发生反应，形成大的絮凝体。这些絮凝体可以通过沉淀或气浮等方法从水中分离出来，从而净化水质。

混凝沉淀法的目的是降低废水的浊度和色度，去除重金属和放射性物质以及高分子有机物等。此外，它还可以改善污泥的脱水性能，减轻后续处理的负荷。

根据水中粒子的性质和混凝剂的种类，可以采取不同的混凝沉淀方法，如吸附电中和作用、吸附架桥作用、沉淀物网捕机理等。具体方法的选择取决于废水的特性和处理要求。

1）浊度

浊度过高或过低都不利于混凝，浊度不同，所需的混凝剂用量也不同。

2）pH 值

水的 pH 值大小直接关系到选用药剂的种类、加药量和混凝沉淀效果。水中的 H^+ 和

OH^-参与混凝剂的水解反应，因此，pH 值强烈影响混凝剂的水解速度、产物的存在形态与性能。在混凝过程中，都有一个相对最佳 pH 值存在，使混凝反应速度最快，絮体溶解度最小。此 pH 值可通过实验确定。例如，聚合硫酸铁作为混凝剂时，最佳 pH 值范围是 5.0~8.5，但在 pH 4.0~11.0 范围内仍可使用；聚合氯化铝作为混凝剂时，最佳 pH 值范围是 6.0~8.5。

3）温度

水温对混凝效果影响很大。

（1）影响药剂在水中起化学反应的速度

水温对金属盐类混凝剂影响很大，因其水解是吸热反应。如硫酸铝，当水温低于 5℃时，水解速度变慢，不易生成 $Al(OH)_3$；但水温也不宜太高，否则易使高分子絮凝剂发生老化或分解生成不溶性物质，反而降低混凝效果，如硫酸铝的最佳混凝温度是 35~40℃。

（2）影响矾花的形成和质量

水温较低时水的黏度较大，布朗运动强度减弱，脱稳胶粒彼此接触碰撞的机会减少，不利于相互凝聚，也使絮凝体生长受阻，絮凝体形成缓慢，结构松散，颗粒细小，反之亦然。

4）共存杂质

有些杂质的存在能促进混凝过程，如除硫、磷化合物以外的其他各种无机金属盐，均能压缩胶体粒子的扩散层厚度，促进胶体凝聚，且浓度越高，促进能力越强，并可使混凝范围扩大。

有些物质会不利于混凝的进行，如磷酸根离子、亚硫酸根离子、高级有机酸离子会阻碍高分子絮凝作用。水中黏土杂质、粒径细小而均匀者，对混凝不利；粒径参差者对混凝有利。颗粒浓度过低往往对混凝不利，回流沉淀物或投加混凝剂可提高混凝效果。另外，氯、螯合物、水溶性高分子物质和表面活性物质都不利于混凝。

5）混凝剂的种类、投加量及投加次序

（1）混凝剂种类

混凝剂的选择主要取决于胶体和细微悬浮物的性质及其在废水中的质量分数。如果水中污染物主要呈胶体状态，且 ξ 电位高，应先投加无机混凝剂（如聚铁、聚铝）使其脱稳凝聚；如果絮体细小，还需投加高分子混凝剂（如聚丙烯酰胺）或配合使用活性硅酸等助凝剂。很多情况下，无机混凝剂与高分子混凝剂配合使用，混凝效果好，应用范围大。

（2）混凝剂投加量

混凝剂投加量有其最佳值，与水中微粒种类、性质、浓度，混凝剂品种，投加方式和介质条件有关。混凝剂投加量不足，则水中杂质未能充分脱稳去除，加入太多则又会稳定。在实际生产中，混凝剂品种的选择和最佳投加量、最佳操作条件主要通过混凝试验来确定。一般的投量范围是：普通的铁盐、铝盐为 10~100mg/L；聚合盐为普通盐的 1/2~1/3；有机高分子絮凝剂为 1~5mg/L。

（3）混凝剂投加顺序

当多种混凝剂配合使用时，最佳投加顺序可通过试验来确定。通常情况下，先投加无机混凝剂，再投加有机混凝剂。但当处理的胶粒在粒径 50μm 以上时，常先投加有机混凝

剂吸附架桥，再加无机混凝剂压缩扩散层而使胶体脱稳。

6）水力条件（搅拌）

搅拌主要帮助混合反应、凝聚和絮凝。过于激烈的搅拌会打碎已经凝聚和絮凝的絮状沉淀物，反而不利于混凝沉淀，所以要控制搅拌强度和搅拌时间。在混合阶段，要求混凝剂与污水迅速、均匀地混合，要控制搅拌强度在 $500 \sim 1000r/s$，搅拌时间应控制在 $10 \sim 30s$。在反应阶段，既要创造足够的碰撞机会和良好的吸附条件让絮体有足够的成长机会，又要防止生成的小絮体被打碎，因此搅拌强度要小，搅拌强度应控制在 $20 \sim 70r/s$，而反应时间需加长，一般为 $15 \sim 30min$。通常，为确定最佳工艺条件，可以先采用烧杯进行混凝模拟试验。

【任务评价】

序号	任务内容	任务标准	分值	得分
1	原水水样参数记录	能准确测定水样浊度，测定 pH 值	20	
2	试验记录与数据计算	能准确记录相关试验数据	20	
3	混凝剂投加量及试验条件确认	能准确确认絮凝剂的类型、转速、沉淀时间	20	
4	个人安全防护	能正确使用护目镜，始终穿戴好防护手套、实验服	20	
5	结论	能得出正确的混凝剂投加量对混凝效果影响的结论	20	
		总分	100	

任务 2-2　废水处理工艺设计

【任务目标】

能够根据家具生产企业的废水水质、水量和废水处理工程建设预算等条件，有针对性地对废水处理工程进行工艺设计，实现废水的达标排放。

【任务描述】

设计某家具企业废水处理工艺。

【任务分析】

针对本次任务，需要熟悉家具企业废水的水质水量特点、排放规律，以及尾水排放去向，确定尾水污染物排放浓度，再结合家具企业废水处理工程建设预算、工程运行维护预算、建设用地面积等因素，对处理工艺进行设计。

【工具材料】

家具企业的平面布置图，污水管网布置图，企业的废水水质检测报告，日均排水量数据等。

【知识准备】

1. 排放标准

家具制造企业生产废水执行《污水综合排放标准》(GB 8978—1996),该标准分为 3 级,家具制造企业根据受纳水体的类别和环评报告的批复,执行相应等级的排放标准。

2. 水质特点

详见表 2-1。

表 2-1　家具厂喷漆废水水质指标

序号	指标	单位	浓度
1	COD_{Cr}	mg/L	≤4000
2	BOD_5	mg/L	≤800
3	SS	mg/L	≤600
4	石油类	mg/L	≤50
5	色度	倍	≤500
6	pH 值	—	5~7

【任务实施】

1. 废水处理方法简介

根据废水的处理原理,可将废水的处理方法分为物理处理法、化学处理法、物理化学处理法、生物处理法和生态处理法。

1)物理处理法

物理处理法是利用物理作用分离污水中呈悬浮状态的固体污染物质。主要方法有筛滤法、沉淀法、上浮法、气浮法、过滤法、反渗透法等。

2)化学处理法

化学处理法是利用化学反应,分离回收污水中处于各种形态的污染物质。主要方法有中和、混凝、电解、氧化还原等。化学处理法多用于处理工业废水。

3)物理化学处理法

物理化学处理法是利用物理化学反应分离回收污水中的污染物。主要方法有吸附、离子交换、萃取、吹脱和膜分离等。物理化学法多用于处理工业废水。

4)生物处理法

生物处理法是利用微生物的代谢作用,使污水中呈溶解态、胶体态的有机污染物转化为稳定的无害物质。主要方法可分为两大类:一是好氧生物处理法;二是厌氧生物处理法。前者广泛用于处理城市污水及有机生产废水,又可细分为活性污泥法和生物膜法;后者多用于处理高浓度有机污水与污水处理过程中产生的污泥,在城市污水与低浓度有机污水处理中也有一定的应用研究。

5)生态处理法

生态处理法是利用自然界的生物链,实现污染物在不同物种之间的吸附、截留、存储、转化等功能,达到净化污水的目的。主要工艺有人工湿地、氧化塘、土地渗滤等。

2. 物理处理单元

1）调节池

污水的水质、水量常常是不稳定的，具有很强的随机性。尤其是当操作不正常或设备产生泄漏时，污水的水质就会急剧恶化，水量也大大增加，往往会超出污水处理设备的处理能力，给处理操作带来很大的困难，使污水处理设施难以维持正常操作，特别是对生物处理设备净化功能影响极大，甚至使整个处理系统遭到破坏。

对于水质、水量波动较大的情况，可以在污水处理系统前段设置调节池，以实现污水的调节和均衡作用，为后续的水处理系统提供一个稳定和优化的操作条件。通过调节和均衡作用主要达到以下目的：

①增强对污水处理负荷的缓冲能力，防止处理系统负荷的急剧变化；

②减少进入处理系统污水流量的波动，使处理污水时所用化学品的加料速率稳定，适合加料设备的能力；

③控制污水的 pH 值，稳定水质，并减少中和作用中化学品的消耗量；

④防止高浓度的有毒物质进入生物化学处理系统；

⑤当工厂或其他系统暂时停止排放污水时，仍能对处理系统继续输入污水，保证系统的正常运行。

2）格栅

格栅是由一组平行的金属栅条制成的框架，斜置在进水渠道上，或泵站集水池的进口处，用以拦截污水中大块的呈悬浮或漂浮状态的污物。在水处理流程中，格栅是一种对后续处理设施具有保护作用的设备，尽管格栅并非废水处理的主体设备，但因其设置在废水处理流程之首或泵站进口处，位属咽喉，相当重要。

按形状，格栅可分为平面格栅与曲面格栅两种。平面格栅由栅条与框架组成。曲面格栅又可分为固定曲面格栅与旋转鼓筒式格栅两种。

按格栅栅条的净间距，可分为粗格栅（50~100mm）、中格栅（10~40mm）、细格栅（1.5~10mm）3 种。平面格栅与曲面格栅，都可做成粗、中、细 3 种。由于格栅是物理处理的重要设施，故新设计的污水处理厂一般采用粗、中两道格栅，甚至采用粗、中、细 3 道格栅。

按清渣方式，格栅可分为人工清渣格栅和机械清渣格栅两种。人工清渣格栅适用于小型污水处理厂。当栅渣量大于 $0.2m^3/d$ 时，为改善工人劳动与卫生条件，都应采用机械清渣格栅。

3）沉砂池

沉砂池是采用物理法将砂粒从污水中沉淀分离出来的一个预处理单元，其作用是从污水中分离出相对密度大于 2.65 且粒径为 0.2mm 以上的颗粒物质，主要包括无机的砂粒、砾石和少量密度较大的有机性颗粒如果核、种子等。沉砂池一般设置在提升设备和处理设施之前，以保护水泵和管道免受磨损，防止后续污水处理构筑物的堵塞和污泥处理构筑物容积的缩小，同时可以减少活性污泥中的无机成分，提高活性污泥的活性。

沉砂池的工作原理是以重力分离为基础，即将进入沉砂池的污水流速控制在只能使密度大的无机颗粒下沉，而有机悬浮颗粒则被水流带走。

　　常见的沉砂池有平流沉砂池、竖流沉砂池、曝气沉砂池和旋流沉砂池等,其中应用较多的是平流沉砂池、曝气沉砂池和旋流沉砂池。

　　(1)平流沉砂池

　　其主要作用是去除污水中粒径大于 0.2mm,密度大于 $2.65t/m^3$ 的砂粒,以保护管道、阀门等设施免受磨损和阻塞,其工作原理是以重力分离为基础。平流沉砂池构造简单,处理效果较好,工作稳定,但沉砂中夹杂一些有机物,易腐化发臭。

　　(2)曝气沉砂池

　　池底设有曝气装置和集砂斗,由于曝气的作用,水流在池内呈螺旋状前进,使颗粒处于旋流状态,且互相摩擦,使表面有机物擦掉,获得较纯净的砂粒。它具有以下特点:

　　①沉砂中含有机物的量低于 5%;

　　②由于池中设有曝气设备,它还具有预曝气、脱臭、除泡作用以及加速污水中油类和浮渣的分离等作用。

　　这些特点为后续的沉淀池、曝气池、污泥消化池的正常运行以及对沉砂的最终处置提供了有利条件。但是,曝气作用要消耗能量,对生物脱氮除磷系统的厌氧段或缺氧段的运行也存在不利影响。

　　(3)旋流沉砂池

　　旋流沉砂池是利用机械力控制水流流态与流速,加速砂粒的沉淀,并使水流带走有机物的沉砂装置。沉砂池由流入口、流出口、沉砂区、砂斗、驱动装置以及排砂系统组成,污水由流入口切线方向流入沉砂区,利用电动机及传动装置带动转盘和斜叶片,在沉砂池中形成旋流。污水中的砂粒在离心力作用下,被甩向池壁,掉入砂斗,而有机物随出水旋流带出池外。根据砂粒粒径大小调整适宜转速,可达到很好的沉砂效果。沉砂可采用压缩空气提升管或排砂泵等方式清除,再经过砂水分离器达到清洁排砂标准。目前国际上广泛应用的旋流沉砂池主要有钟式沉砂池和比尔沉砂池两大类。

　　4)沉淀池

　　沉淀池是应用沉淀作用去除水中悬浮物的一种净化水质的设备。利用水的自然沉淀或混凝沉淀作用来除去水中的悬浮物。沉淀效果取决于沉淀池中水的流速和水在池中的停留时间。为了提高沉淀效果,减少用地面积,多采用蜂窝斜管异向流沉淀池、加速澄清池、脉冲澄清池等。沉淀池在废水处理中广为使用。

　　沉淀池常按水流方向分为平流沉淀池、竖流沉淀池及辐流沉淀池 3 种类型。

　　(1)平流沉淀池

　　平流沉淀池呈长方形,废水从池的一端流入,水平方向流过池子,从池的另一端流出;在池的进口处底部设储泥斗,其他部位池底有坡度,倾向储泥斗。平流沉淀池由流入装置、流出装置、沉淀区、缓冲层、污泥区及排泥装置组成。

　　(2)竖流沉淀池

　　竖流沉淀池多为圆形,也有呈方形或多角形的,直径或池边长一般不大于 8m,通常为 4~7m,也有超过 10m 的。竖流沉淀池的直径(或正方形的边长)与有效水深之比一般不大于 3。污水从设在池中央的中心管进入,从中心管的下端经过反射板均匀缓慢地分布在池的横断面上,由于出水口设置在池面或池墙四周,故水的流向基本由下向上;出水区采用自由堰或三角堰；污泥储积在底部的污泥斗，为了降低池的总高度，污泥区可采用多只污泥斗的方式。

（3）辐流沉淀池

这是一种大型沉淀池，池径可达 100m，池周水深 1.5~3.0m。有中心进水与周边进水两种。辐流沉淀池呈圆形或正方形，可用作初次沉淀池或二次沉淀池。

3. 化学处理单元

1）中和法

中和法是利用化学酸碱中和的原理消除污水中过量的酸和碱，使其酸碱度达到中性或接近中性。

酸、碱废液是两种重要的工业废液，通常酸性污水中有的含无机酸（如硫酸、硝酸、盐酸、磷酸、氢氟酸、氢氰酸等），有的含有机酸（如乙酸、甲酸、柠檬酸等），主要来源于化工厂、化纤厂、电镀厂、金属酸洗车间等。碱性污水中含有碱性物质，如氢氧化钠、碳酸钠、硫化钠及氨类等，主要来源于印染厂、炼油厂、造纸厂等。

在处理酸、碱废液时，对于浓度较高的酸、碱废液（如酸含量大于 3%~5% 的废酸液或碱含量大于 1%~3% 的废碱液），应首先考虑综合利用，这样既可回收酸碱，又可大大减轻或消除酸碱污水的处理。如利用钢铁酸洗废液制造混凝剂硫酸亚铁或聚合硫酸铁，也可用扩散渗析法回收钢铁酸洗废液中的硫酸；用蒸发浓缩法回收氢氧化钠等。

对于酸含量低于 3%~5% 的低浓度酸性污水或碱含量低于 1%~3% 的低浓度碱性污水，由于其中酸碱含量低，综合利用及回收价值不大，常采用中和处理，使污水的 pH 值恢复到中性附近的一定范围（pH 6~9），消除其危害。

2）混凝法

混凝就是通过向水中投加一些药剂（常称混凝剂），使水中难以沉淀的细小颗粒（粒径在 1~100μm）及胶体颗粒脱稳，并互相聚集成粗大的颗粒而沉淀，从而实现与水分离，达到水质的净化。混凝可以用来降低污水的浊度和色度，去除多种高分子有机物、某些重金属和放射性物质。此外，混凝法还能改善污泥的脱水性能。因此，混凝法是工业废水处理中常采用的方法。它既可以作为独立的处理法，也可以和其他处理法配合，作为预处理、中间处理或最终处理。在三级处理中，近年来也被经常采用。

混凝法与污水的其他处理法相比，优点是设备简单，维护操作易于掌握，处理效果好，间歇或连续运行均可；缺点是由于不断向污水中投放药剂，经常性运行费用较高，沉渣量大，且脱水较困难。

3）沉淀法

化学沉淀法是向水中投加某些化学药剂，使之与水中溶解性物质发生化学反应，生成难溶化合物，然后进行固液分离，从而除去污水中污染物的方法。利用此法可在给水处理中去除钙、镁硬度，污水处理中去除重金属（如汞、锌、镉、铬、铅、铜等）和某些非金属（如砷、氟等）离子态污染物。

化学沉淀法的工艺流程和设备与混凝法类似，主要步骤包括：

①化学沉淀剂的配制与投加；

②沉淀剂与原水混合、反应；

③固液分离;

④泥渣处理与利用。

根据采用的沉淀剂及反应中所生成的生成物不同,可将化学沉淀法分为氢氧化物沉淀法、硫化物沉淀法、钡盐沉淀法、碳酸盐沉淀法和铁氧体沉淀法等。

4)氧化还原法

污水中的溶解性无机或有机污染物,可以通过化学反应将其氧化或还原,转化成无毒或微毒的新物质,从而达到处理的目的。这类处理污水的方法称为氧化还原法。

污水的氧化还原法可根据有毒、有害物质在氧化还原反应中是被氧化还是被还原的不同,分为氧化法和还原法两类。与生物处理法相比,氧化还原法需较高的运行费用。因此,目前氧化还原法仅用于饮用水处理、特种工业用水处理、有毒工业废水处理和以回用为目的污水深度处理等有限场合。

(1)湿式氧化法

湿式氧化法是在高温、高压下,利用氧和空气或其他氧化剂将废水中的有机物氧化成二氧化碳和水,从而达到去除污染物的目的。该法氧化速度快,处理效率高,适用范围广,无二次污染。

湿式氧化法在实际推广应用方面仍存在着一定的局限性。湿式氧化法一般要求在高温、高压的条件下进行,其中间产物往往为有机酸,故对设备材料的要求较高,必须耐高温、高压,并耐腐蚀,因此设备费用高,系统的一次性投资大;由于湿式氧化反应需在高温、高压的条件下进行,故仅适于小流量、高浓度的废水处理,对于低浓度、大水量的废水则很不经济;即使在很高的温度下,对某些有机物如多氯联苯、小分子羧酸的去除效果也不理想,难以做到完全氧化,湿式氧化过程中可能会产生毒性更强的中间产物。

(2)催化湿式氧化法

催化湿式氧化法是在传统的湿式氧化处理工艺中加入适宜的催化剂以降低反应所需的温度和压力,提高氧化分解能力,缩短时间,防止设备腐蚀,降低成本。较常用的催化剂包括铜、铁、镍、锰等。催化湿式氧化法虽然具有良好的适应性,但催化剂的失活和溶出带来的二次污染依然是困扰研究人员的难题。

(3)臭氧及其联合技术氧化法

臭氧作为一种强氧化剂,已经在饮用水和废水净化上得到了广泛的应用。臭氧具有可就地生产使用、原料易得、使用方便、不产生二次污染的优点,但是在低剂量和短时间内臭氧不可能完全矿化污染物,且分解生成的中间产物会阻止臭氧的进一步氧化。其他方法与臭氧联用,可大大促进臭氧分解,提高有机物的去除率,臭氧与多种技术联用于水处理已经成为目前的研究热点。

(4)芬顿(Fenton)试剂氧化法

芬顿试剂氧化法是一种高级氧化处理技术,采用这一技术对印染废水进行处理具有高效低耗、无二次污染的优点,近年来已成为水处理研究热点。芬顿试剂及其各种改进系统在废水处理中的应用可分为两个方面:一是单独作为一种处理方法氧化有机废水;二是与其他方法联用,如与混凝沉降法、活性炭法、生物法、光催化氧化法等联用。

芬顿试剂作为一种强氧化剂用于去除废水中的有机污染物具有明显的优点,目前存在的主要问题是处理成本较高，但对于毒性大、一般氧化剂难氧化或生物难降解的有机废水的处理仍是一种较好的方法。

（5）光催化氧化法

光催化氧化法由于活性高、安全、价廉、无污染等优点备受人们的青睐，其原理是在光照射下半导体氧化物的价电子跃迁至空的导带，形成电子-空穴对，空穴与氧化物表面吸附的水作用形成强氧化性·OH，从而氧化分解有机物。

但光催化氧化法也存在一些问题。当废水的颜色较深时影响透光性，进而影响处理效果；催化剂的价格一般都较高，使大规模应用受到限制；分散多相系统中的催化剂的回收较困难。

（6）电化学氧化法

电化学氧化法是最近发展起来的新型高级氧化技术，它具有设备小、占地少、运行管理简单、去除率高和脱色好等优点，并能在常温常压下，通过有催化活性的电极反应直接或间接产生羟基自由基，从而有效降解难生化污染物。但同时电化学氧化法存在着能耗大、成本高和析氧析氢副反应等缺点。

5）消毒

生活污水、医院污水及某些工业废水，还受到病原微生物的污染。这些借水传播的病原微生物主要有细菌类、病毒类、原生动物类及寄生虫类。因此，在对这些污水进行处理的过程中，必须严格消毒。在城市给水厂中，水经过混凝沉淀和过滤能除去不少细菌和其他微生物，但不能保证把所有的病原微生物全部根除，必须进行水的消毒。消毒的目的就是要杀灭水中的病原微生物，防止疾病扩散，保护公用水体。

应该指出，不应把消毒与灭菌混淆，消毒是对有害微生物的杀灭过程，而灭菌是杀灭或去除一切活的细菌或其他微生物以及它们的芽孢。

消毒的方法很多，可归纳为化学法消毒与物理法消毒两大类。

（1）化学法消毒

化学法消毒是通过向水中投加化学消毒剂来实现消毒，在污水消毒处理中采用的主要化学消毒方法有氯化法、臭氧消毒法、二氧化氯消毒法等。

（2）物理法消毒

物理法消毒是应用热、光波、电子流等来实现消毒作用的方法。在水的消毒处理中，采用或研究的物理消毒方法有加热消毒、紫外线消毒、辐射消毒、高压静电消毒以及微电解消毒等方法。

4. 物理化学处理单元

1）溶剂萃取法

溶剂萃取法是利用溶质在两种不互溶的液体间分配性质的差异实现液-液间传质过程。为了去除废水中某种溶解物质，可向废水中投入一种与水互不相溶，但能良好溶解污染物的溶剂，使其与废水充分混合接触。由于溶解度的不同，大部分污染物转移到溶剂相。

当废水中苯酚、硝基酚、氰等含量很低时，一般不采用萃取法。若废水中含难以通过生物降解的多卤代酚、多硝基酚、硝基苯磺酸等，则萃取法为首选处理方法。

2)吸附法

吸附法是用具有很强吸附能力的固体吸附剂,使废水中的一种或数种组分富集于固体表面的方法。常用的吸附剂有活性炭和树脂。活性炭再生和洗脱困难,树脂吸附具有适用范围广、不受废水中无机盐的影响、吸附效果好、洗脱和再生容易、性能稳定等优点,因而在高浓度有机废水处理中,最常用的吸附剂为树脂吸附剂。

3)吹脱法

吹脱法用于脱除水中溶解气体和某些挥发性物质。即将气体(载气)通入水中,使之充分接触,使水中溶解气体和挥发性物质穿过气液界面,向气相转移,从而达到脱除污染物的目的。

5. 生物处理单元

1)活性污泥法

活性污泥法是一种污水的好氧生物处理法,由爱德华·阿登(Edward Ardern)和威廉·洛克特(William T. Lockett)于1914年在英国发明。如今,活性污泥法及其衍生改良工艺是处理城市污水最广泛使用的方法。它能从污水中去除溶解性的和胶体状态的可生化有机物,以及能被活性污泥吸附的悬浮固体和其他一些物质,同时也能去除一部分磷素和氮素,是废水生物处理悬浮在水中的微生物的各种方法的统称。

2)膜-生物反应器

膜-生物反应器(MBR)为膜分离技术与生物处理技术有机结合的新型废水处理系统。以膜组件取代传统生物处理技术末端二沉池,在生物反应器中保持高活性污泥浓度,提高生物处理有机负荷,从而减少污水处理设施占地面积,并通过保持低污泥负荷减少剩余污泥量。主要利用膜分离设备截留水中的活性污泥与大分子有机物。膜-生物反应器系统内活性污泥浓度可提升至8000~10 000mg/L,甚至更高;污泥龄可延长至30d以上。

3)接触氧化法

生物接触氧化法是从生物膜法派生出来的一种废水生物处理法。该工艺中,污水与生物膜接触,在生物膜微生物的作用下,使污水得到净化,因此又称淹没式生物滤池。该方法采用与曝气池相同的曝气方法提供微生物所需氧量,并起搅拌与混合的作用,同时在曝气池内投加填料,以供微生物附着生长,因此,又称为接触曝气法,是一种介于活性污泥法与生物膜法两者之间的生物处理法,是具有活性污泥法特点的生物膜法,它兼具两者的优点。

6. 生态处理单元

1)人工湿地

根据实地调研情况,很多家具企业零散地分布在农村地区,且聚集的规模不大,立足于这一实际情况,对于水量不大且有足够建设用地的家具企业,推荐使用人工湿地处理生活污水。

人工湿地污水处理系统源于对天然湿地的模拟,利用自然生态系统中的物理、化学和生物的三重协同作用,来实现对污水的净化,由填料床和其他种植的植物组成。湿地植物与在水中、填料中生存的动物、微生物形成一个独特的动植物生态环境,污水流经床体表面和床体填料缝隙时，通过过滤、吸附、沉淀、离子交换、植物吸收和微生物分解等作用，实现对污水的高效净化处理。人工湿地污水处理系统由预处理单元和湿地单元组成，通过合理设计，可将 COD、BOD_5、SS、NH_3-N、原生动物、金属离子和其他污染物进行有效去除。预处理单元的目的主要是减少 SS，防止湿地填料堵塞，确保人工湿地系统的稳定性，增加其处理寿命。预处理设施包括格栅、沉砂池、沉淀池、氧化塘等。

建成后的人工湿地系统是一个完整的生态系统，内部可形成良好的循环并具有较好的经济效益和生态效益。具有投资低、出水水质好、抗冲击力强、增加绿地面积、改善和美化生态环境、视觉景观优异、操作简单、维护和运行费用低廉等优点。在处理污水的同时，种草养鱼，又可以用鲜花绿叶装饰环境，把清水活鱼还给自然，节约资源，是人类与水生生物协调发展的自然景观，有利于促进良性生态环境的建设，有显著的社会、生态和经济效益。

人工湿地按水流方式可分为潜流人工湿地和漫流人工湿地。潜流人工湿地是在填料床表层栽种耐水且根系发达的植物，污水经格栅池、沉淀池预处理进入湿地填料床，以潜流方式流过滤料，污水中有机质被碎石滤料和植物根系拦截吸附过滤，以及被微生物与植物根吸收、分解。而漫流湿地（又称自由水面湿地）的污水进入湿地后，在湿地表面维持一定厚度水层，水流以水平推流形式前进，形成一层地表水流，并从地表出流（图2-1）。污水中有机物经沉淀，根系拦截、吸附、吸收、分解而得到净化。

按水流方向又可将人工湿地分为垂直流湿地床和水平流湿地床。垂直流湿地床的水流经过导流管或导流墙的引导，在湿地床内上下流动，多个垂直流湿地床串联起来称为多级垂直流湿地。水平流湿地床的水流是按一定方向水平流动。在实际过程中，有时将垂直流湿地床与水平流湿地床组合起来使用，这种湿地床称为组合式湿地床。垂直流湿地床较水平流湿地床负荷大。

人工湿地处理系统投资低，处理效果好，管理和维护简单，基本不用能源消耗，运行费用仅为常规处理的1/10，抗冲击性能强，适合广大农村地区、小城镇的污水处理。

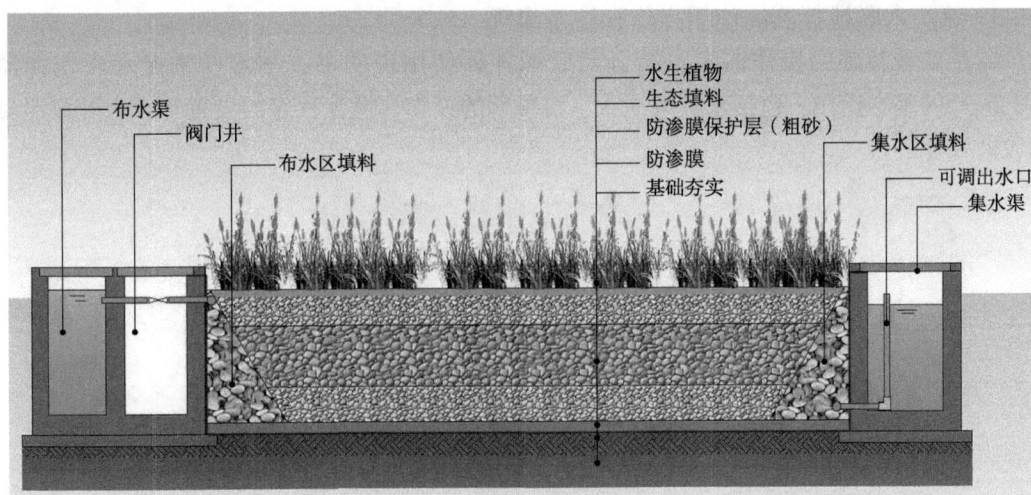

图2-1 潜流人工湿地结构图

2)氧化塘

氧化塘也是处理小规模生活污水的一种低成本的处理工艺。氧化塘是一种半人工的生态系统,其净化污水的原理与自然水域的自净机理十分相似。废水在塘内停留过程中,污染物通过稀释、沉淀、好氧微生物的氧化作用或厌氧微生物的分解作用而去除或稳定化。好氧微生物代谢所需要的溶解氧通过大气富氧作用及藻类的光合作用提供,也可通过人工曝气提供。氧化塘根据溶解氧状况可分为好氧塘、兼性塘、厌氧塘和曝气塘。氧化塘净水原理如图 2-2 所示。

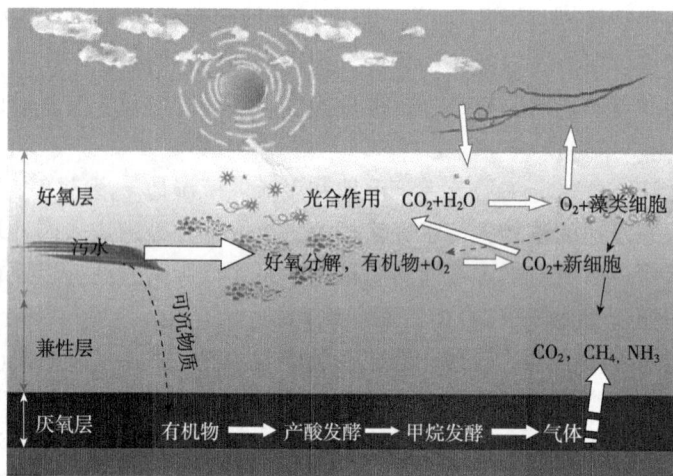

图 2-2　氧化塘净水原理示意图

氧化塘污水处理系统具有基建投资和运转费用低、维修简单、便于操作、能有效去除污水中的有机物和病原体、无须污泥处理等优点,是实施污水的资源化利用的有效方法,所以氧化塘处理污水近年来成为我国着力推广的一项新技术。

【任务实施】

1. 熟悉六联搅拌器的使用操作和注意事项

通过观看教师的操作演示,结合六联搅拌器使用说明书,学习并掌握六联搅拌器(图 2-3)的基本操作,包括水样的注入、混凝剂的投加、搅拌程序的设置等,为开展混凝试验做好准备。

图 2-3　六联搅拌器

2. 开展预试验, 观察混凝试验现象

①利用给定的药剂, 现场制备模拟废水, 要求废水浊度为 200~300NTU, 溶液 pH 值近中性。

②检测废水的浊度和 pH 值, 记录在表 2-2 中。

表 2-2　原水水质记录表

浊度(NTU)	pH 值

③配置聚合硫酸铁(PFS)溶液, 浓度为 20g/L。

④启动设备, 把废水装入 6 个烧杯, 设置好搅拌程序, 通过条件试验, 探究混凝剂投加量对混凝效果的影响, 试验数据记录在表 2-3 中。

表 2-3　试验数据记录表

项目	1	2	3	4	5	6
混凝土投加剂						
Ⅰ 转速, 时间(r/min, min)						
Ⅱ 转速, 时间(r/min, min)						
Ⅲ 转速, 时间(r/min, min)						
沉淀时间(min)						
上清液浊度(NTU)						
pH 值						
浊度去除率(%)						

⑤若完成一组上述试验后, 现象不明显或不理想, 可根据上述试验数据, 重新确定混凝剂投加量及投加范围, 重做 1~2 次试验。

⑥分析总结试验数据, 得出混凝剂投加量对混凝效果影响的结论。

3. 设计木制家具企业废水处理工艺

根据实地调研结果及查阅相关技术资料, 企业在生产过程中, 主要废水产生环节为涂饰处理阶段, 即喷漆和表面处理工艺段。

家具制造企业由于生产的家具类型不同, 使用的涂料类型和涂装工艺有所不同, 主要有硝基涂料、酸固化涂料、不饱和聚酯(PE)涂料、聚氨酯(PU)类涂料、醇酸类涂料, 以及近来发展较快的水性涂料、光固化涂料。传统出口家具企业硝基类涂料使用较多, 近年来 PE 和 PU 涂料的使用比例不断提高, 并且成为家具制造行业使用的主流涂料; 水性涂料和光固化涂料的用量也在不断增加,但是总量占比也还是比较低的;粉末涂料在板材家具上得到成功使用,但是由于烘干温度等因素的限制,对板材要求极高,目前全国仅有极个别企业使用。

喷漆废水是一种难降解的有机废水,目前处理难降解有机废水的主要方法有溶剂萃取法、吸附法、湿式氧化法、催化湿式氧化法、生化处理法等。

4. 设计金属家具企业废水处理工艺

在金属加工过程中为了使金属表面达到一定的特殊效果会对金属进行酸洗、硫化、电镀等,在生产过程中会产生大量的含有各种重金属和含有酸、碱等有害物质的废水。随着国家对环境保护关注度的不断加强,该类废水必须经过净化处理才能满足排放需求,目前多数工厂对金属表面处理废水均采用化学处理的方案,处理方式单一,在实际使用过程中不仅净化处理周期长、成本高,而且还容易造成水体的二次污染,因此无法满足更高的水质净化处理需求。

根据分析,金属表面处理后的废水内污染物主要包括各类重金属离子及各类酸、碱、盐类物质,由于各类化学物质多,单纯依靠一种净化处理工艺方案难以达到净化目的,而且采用各类化学试剂也导致废水的净化成本居高不下,给企业的生产经营造成了较大的影响,因此本教材提出混合废水处理工艺流程,即在现有的化学处理基础上增加沉淀处理和生物处理,通过综合处理达到深度处理的目的,废水处理工艺流程如图 2-4 所示。

由图 2-4 可知,该工艺流程中集成了混凝沉淀净化处理工艺、气浮池净化处理工艺以及化学反应净化处理 3 种废水净化处理模式。在净化处理的过程中,首先根据每日产生废水的情况,定期将废水排入废水收集池内,通过计量泵对水池内的废水储量进行监测。由于在对金属表面进行处理时所产生的酸洗磷化废水量远大于其他废水量,因此为了确保对废水处理的一致性,单独设置了一个综合调节池,按一定的比例将磷化废水和其他废水进行均匀混合。利用提升泵将综合调节池内混合均匀的废水抽入混凝沉淀池,在水池内的第一净化室加入氢氧化钠,将废水的 pH 值调节到 8~9.5,然后在第二净化室内加入混凝剂和除磷剂,在化合物的作用下与废水中的磷酸根离子产生反应,生产了絮状混合物,然后在第三净化室内加入絮凝剂,生成固态沉淀物并传输到污泥池内。

经过混凝沉淀的废水再被传输到气浮池内,在气浮池内再次加入絮凝剂对废水进行气浮沉淀处理,然后将固态沉淀物排入污泥池,其他废水进入 pH 回调槽内进行酸解处理,将废水的 pH 值调节到 7 左右,然后进入水解酸化池,废水在酸化池内进入缺氧的环境,将废水内的有机污染物进行分解,形成大量的小分子化合物,有效地降低废水内的含氮量。酸化后的废水进入推流式曝气池内,在曝气池内进行生物培养,利用好氧生物对废水内的有机物进行吞噬,通过生物体的新陈代谢形成水和二氧化碳,对废水进行净化处理。在处理的过程中需要不断地用鼓风机送入空气,保证一个富氧的环境,增强生物降解的效果。

废水经过生物降解再进入 MBR 处理池内,MBR 处理池内含有过滤膜,该过滤膜组件采用微滤膜过滤。该过滤方案将废水的沉淀和过滤集于一体,既可以过滤所有 SS,又能有效地避免膜孔的堵塞,因此采用微滤膜工艺处理的水质完全能达到反渗透工艺的要求。在该工艺方案中对回水的处理采用了目前应用成熟的反渗透膜工艺技术方案,该方案能够实

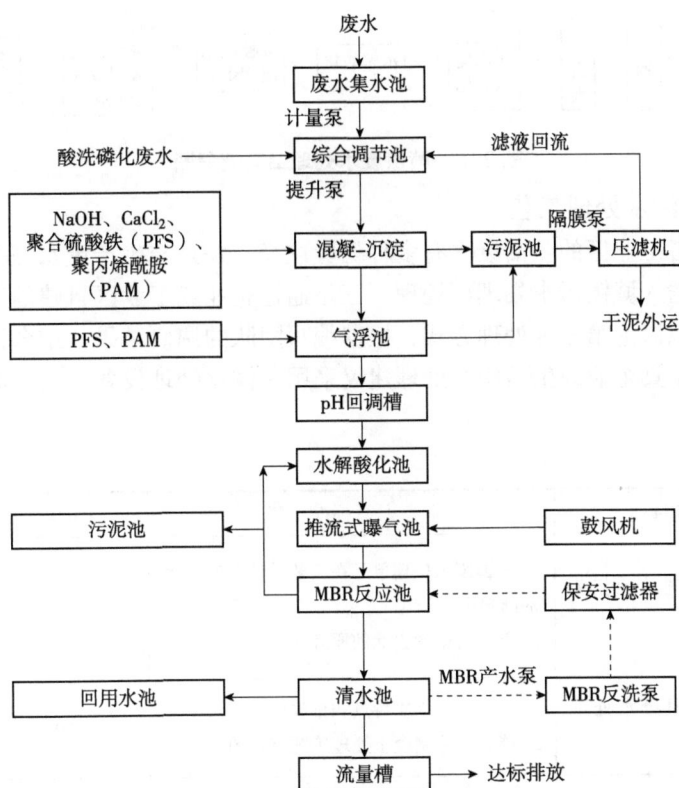

图 2-4　金属家具废水处理工艺流程

现将水中的重金属离子全部去除，因此当该类废水通过反渗透处理后，出水中重金属离子的含量为零，经过处理后回水的水质标准可达到《城市污水再生利用工业用水水质》（GB/T 19923—2005）中工艺与产品用水的标准。

5. 设计喷漆废水处理工艺

油性漆在喷涂的过程中会形成大量的漆雾，家具企业通过安装水幕机和喷淋塔等设施处理喷漆过程中产生的漆雾。

在排风机引力的作用下，含有漆雾的空气向水幕机的内壁水幕板方向流动，一部分漆雾直接接触到水幕板上的水膜而被吸附，另一部分漆雾在经过水幕板上淌下的水幕时被水幕冲刷掉，其余未被水膜和水幕捕捉到的漆雾在通过水洗区和清洗区时被清洗掉，捕捉过漆雾的水便是含有高浓度有机物的废水。喷漆废水中存在大量没有去除的残漆和溶解性有机溶剂，如聚丙烯酸树脂、芳香族溶剂等有机污染物，一旦排放到环境中，将对环境水体造成危害。

检测结果显示，喷漆废水中 BOD/COD 小于 0.3，生化性较差；SS 浓度较高，应考虑采用混凝沉淀预处理，去除水中的悬浮物质。

根据家具废水污染物特性，考虑到处理效果和投资、运行费用等主要因素，确定采用预处理+物化法+生化法+深度处理工艺路线。

综上所述，建议喷漆废水处理选用如图 2-5 所示处理流程：

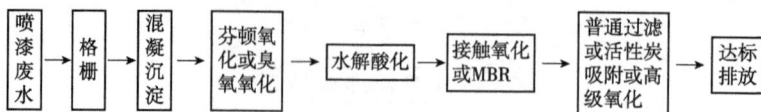

喷漆废水 → 格栅 → 混凝沉淀 → 芬顿氧化或臭氧氧化 → 水解酸化 → 接触氧化或MBR → 普通过滤或活性炭吸附或高级氧化 → 达标排放

图 2-5　喷漆废水处理工艺流程图

6. 设计生活污水处理工艺

家具企业或者工业区的生活废水有多种处置途径，一是与生产废水一并处理，二是通过市政污水管网送入城镇污水处理厂处理，三是通过企业或工业区自建的生活污水处理设施处理。本教材只讨论第三种处理方式，根据编写团队的调研结果，结合江西南康家具企业的实际情况，家具企业的生活废水处理建议采用一体化处理设备、人工湿地或氧化塘处理技术。

【任务评价】

序号	任务内容	任务标准	分值	得分
1	掌握废水处理单元相关知识	1. 掌握废水处理单元在工艺设计中的应用基础知识； 2. 掌握污染物去除的原理和特点	20	
2	设计木制家具废水处理工艺	1. 熟悉废水水质特点和排放标准； 2. 能正确绘制废水处理工艺流程图	20	
3	设计金属家具废水处理工艺	1. 熟悉废水水质特点和排放标准； 2. 能正确绘制废水处理工艺流程图	20	
4	设计喷漆废水处理工艺	1. 熟悉废水水质特点和排放标准； 2. 能正确绘制废水处理工艺流程图	20	
5	设计生活污水处理工艺	1. 熟悉废水水质特点和排放标准； 2. 能正确绘制废水处理工艺流程图	20	
	总分		100	

项目 3　家具制造企业废水处理设备

【项目情景】

小张实习所在的环保工程公司承接了某家具产业园废水处理站的建设工程，要求小张等技术员根据家具生产行业废水处理站工艺设计方案，设计、选用废水处理设备。

【学习目标】

>> 知识目标

(1)掌握单元设备的类型、特点、作用。

(2)掌握组合设备的安装位置、类型。

>> 技能目标

(1)会确定家具制造企业废水处理需要的设备。

(2)会灵活进行各类设备的布置及安装。

>> 素质目标

培养细心专注、求真务实、精益求精的职业素养。

任务 3-1　认识单元设备

【任务目标】

能够熟练掌握水泵、风机、减速器、曝气器、电气控制系统、管道的作用及类型。

【任务描述】

本任务要认识家具企业废水处理的单元设备及其类型，根据家具企业的实际工艺确定需要哪些单元设备。

【任务分析】

不同种类家具生产工艺需要不同的单元设备。可以类比选用相似企业采用的废水处理工艺，也可以现场踏勘确定废水处理的工艺，确定需要的单元设备。

【工具材料】

家具企业的工程设计书。

【知识准备】

家具制造企业常用的废水处理单元设备如下。

1. 水泵

水泵是一种转换能量的机械，它通过工作体的运动，把外加的能量传给被抽送的液体，使其能量增加。所谓工作体，因泵的种类不同而异，既可以是固体，也可以是液体或气体，甚至抽送带有固体粒块的浆状物，如泥浆、煤浆、灰渣、混凝土、纸浆等。由于大部分场合泵被用于抽水，所以，习惯上将其称为水泵，也可以按其抽送介质的不同称为油泵、泥浆泵等。

水泵的种类很多，着眼点不同，便有不同的分类方法。最基本的分类法是根据水泵的工作原理，将其分为下列三大类。

1)叶片泵

它是利用泵内工作体的高速旋转运动使液体的能量增加。由于其工作体是由若干弯曲状叶片组成的一个叶轮，故称叶片泵。根据不同叶片形状对液流产生的作用力不同，以及液流流出叶轮的方向也相应不同，又将叶片泵分为离心泵(径流)、轴流泵(轴流)和混流泵(斜流)。

2)容积泵

它是通过泵内工作体对液体的挤压运动使液体的能量增加。由于是工作体交替改变液体所占空间的容积来实现挤压的，故称容积泵。根据挤压运动的方式不同，又将其分为往复泵和回转泵，前者如活塞泵、柱塞泵等，后者如齿轮泵、螺杆泵等。

3)其他类型泵

这类泵一般是指除叶片泵和容积泵以外的一些特殊泵。属于这一类的主要有射流泵、气升泵、水锤泵等。这些泵的特点是其工作体为液体或气体，利用高速流动的流体来实现能量的转换，使被抽送液体的能量增加。

除上述对泵的分类外，还有其他不同的分类方法。例如，根据被抽送液体所增加能量性质的不同进行分类，根据泵所利用的能量不同进行分类，根据泵的用途不同进行分类，以及按抽送液体性质不同进行分类等，在此不一一列举。

2. 风机

风机是用来输送气体的一类通用机器，在水处理过程中被广泛用于曝气、通风等环节。水处理常用风机有离心风机和罗茨鼓风机。

3. 减速器

减速器在原动机和工作机或执行机构之间起匹配转速和传递转矩的作用，在现代机械中应用极为广泛。

减速器主要由传动零件(齿轮或蜗杆)、轴、轴承、箱体及其附件组成，是一种相对精密的机械，使用它的目的是降低转速，增加转矩。选用减速器时应根据工作机的选用条件、技术参数、动力机的性能、经济性等因素，比较不同类型、品种减速器的外廓尺寸、传动效率、承载能力、质量、价格等，选择最适合的减速器。

减速器按用途不同可分为通用减速器和专用减速器两大类，两者的设计、制造和使用特点各不相同。常用的减速器有斜齿轮减速器、行星齿轮减速器、摆线针轮减速器、蜗轮蜗杆减速器、行星摩擦式机械无级变速机等。

4. 曝气器

曝气器是给水曝气充氧的必备设备。

1)悬挂链式曝气器

设备的充氧效率和动力效率较普通微孔曝气设备有所提高，并且维修简便，可以在不影响正常运行(不停水、不停止供气)的情况下进行检修、更换损坏的曝气器,供氧均匀,氧利用率高,能耗低(图3-1)。

2)膜片式曝气器

该装置曝气气泡直径小,气液界面直径小,接触面积大,气泡扩散均匀,不会产生孔眼堵塞,耐腐蚀性强,或可增加污水处理量40%(图3-2)。

3)曝气软管

曝气软管的薄壁、直通道极大降低了曝气阻力损失,可变孔及狭缝自动关闭,彻底解决了曝气器的堵塞问题。软管为线状曝气,使布气更均匀,并形成竖向环流,搅拌混合更均匀,气泡小,氧利用率高,动力效率高(图3-3、图3-4)。

5. 电气控制系统

电气控制系统一般称为电气设备二次控制回路,不同的设备有不同的控制回路,而且高压电气设备与低压电气设备的控制方式也不相同。具体来说,电气控制系统是指由若干电气原件组成,用于实现对某个或某些对象的控制,从而保证被控设备安全、可靠运行。

电气控制系统的构成主要有三部分:输入部分(如传感器、开关、按钮等)、逻辑部分(如继电器、触电等)和执行部分(如电磁线圈、指示灯等)。主要功能有:自动控制、保护、监视和测量。

1)自动控制功能

高压和大电流开关设备的体积是很大的,一般都采用操作系统来控制分、合闸,特别是当设备出现故障时,需要开关自动切断电路,要有一套自动控制的电气操作设备,对供电设备进行自动控制。

2)保护功能

电气设备与线路在运行过程中会发生故障,电流(或电压)可能会超过设备与线路允许工作的范围与限度,这就需要一套检测这些故障信号并对设备和线路进行自动调整(断开、切换等)的保护设备。

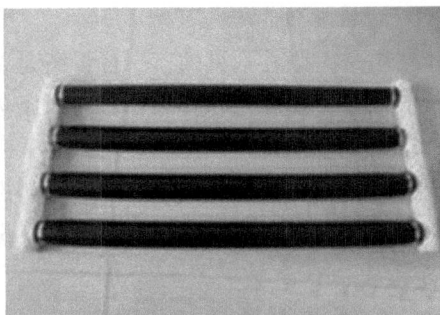

图3-1　悬挂链式曝气器

图3-2　膜片式曝气器

图3-3　曝气软管

图3-4　套上曝气软管的曝气管成品

3)监视功能

电是肉眼看不见的，一台设备是否带电或断电，从外表无法分辨，这就需要设置各种视听信号，如灯光和音响等，对设备进行电气监视。

4)测量功能

灯光和音响信号只能定性地表明设备的工作状态(有电或断电)，如果想定量地知道电气设备的工作情况，还需要各种测量设备，测量线路的各种参数，如电压、电流、频率和功率等。

6. 管道

污水处理中，欲把待处理的水按设计要求从一个构筑物输送到另一个构筑物，从一个设备送到另一个设备，设备之间就必须用管道进行连接。

污水处理厂管网的选材，一般有以下几种：普通钢筋混凝土管、钢筋混凝土防腐管、硬聚氯乙烯(PVC-U)双壁波纹管、高密度聚乙烯(HDPE)双壁波纹管、玻璃纤维增强树脂塑料管、陶土管。

1)普通钢筋混凝土管

价格便宜，施工方法成熟，广泛用于城市雨水排放系统，但是用于污水管容易被腐蚀。

2)钢筋混凝土防腐管

钢筋混凝土防腐管是在混凝土管内壁涂衬防腐涂层，以预防管道内介质对管材的腐蚀，这种管材防腐效果较好，广泛用于城市污水管网工程，但是价格比普通钢筋混凝土管高。

3)硬聚氯乙烯(PVC-U)双壁波纹管

耐腐蚀，内壁光滑，过水能力强，可以替代比其管径大一级的混凝土管。这种管材随着管径的增大，成本增加很多，因此主要用于小口径排水管。除此之外，PVC-U 管对外部压力承受能力比混凝土管弱，因此不能用于覆土较深的污水管，一般深度不超过 4m。

4)高密度聚乙烯(HDPE)双壁波纹管

性能与 PVC-U 管相似，但其强度比 PVC-U 管提高了许多，可用于覆土较深的情况，价格也比 PVC-U 管高。

5)玻璃纤维增强树脂塑料管

具有与 PVC-U 管相同的优点，而且强度较高，可以制造出大口径的管道，但价格较高。

6)陶土管

陶土管是混凝土管的良好替代物，但其易碎、价格又高，限制了该种管材的推广应用。

【任务实施】

1. 家具制造企业废水处理水泵的选型

国内污水处理厂的实际生产运行中，水泵往往不能高效运转，能耗较大，并且其控制方式比较落后。由于工业污水水质复杂，对水泵的要求更加严格，总结工业污水处理行业对水泵的优化选型要求如下：①合理确定工程的流量 Q 和扬程 H，水泵的运行工作点要严格控制在高效区范围内。②应使多年平均扬程下的装置保持高效率和低耗能。③在校核最高扬程下，水泵仍然可以保证正常高效工作。④水泵电动机能够承受长期满负荷运行。即使在偶然的不正常运行情况下，电缆损坏且电动机仍在水下，电缆进口也不会有湿气进入电动机和接盒。

污水处理厂常用的水泵有离心泵、螺杆泵、隔膜计量泵及螺旋泵等，下面是几种污水处理厂常用的水泵的特点及使用场合：

1）卧式离心泵

此水泵的效率在 50% 左右，可输送 80℃ 以下含有纤维或其他悬浮物的废水，此泵比较适合用于小型污水处理厂。

2）立式排污泵

此水泵效率在 75% 左右，可以提升温度较高和腐蚀性较强的废水，此水泵也可用于提升杂质污水或泥浆水，因此比较适合用于工业污水处理厂。

3）立式轴流泵

此水泵具有扬程低、流量大的特点，可以用于大型污水处理厂。

4）潜水轴流泵

此水泵效率在 75%~83%，具有扬程低、流量大、安装简单且可不设泵房的特点，所以可用于提升回流污泥。

5）潜水排污泵

此水泵效率为 70%~85%，可输送 60℃ 以下、pH 值在 4~10 的工业废水。可用于提升泥浆水，也比较适合用于工业污水处理厂。

6）潜水混流泵

此泵具有扬程高、流量大的优点，适用于大型污水处理厂。

7）螺旋泵

具有电耗低、扬程低、高效率的优点，可以用于提升回流污泥。

8）螺杆泵

具有流量低、扬程高的特点，可以用于加药或输送浓度、黏度较大的污泥。

9）隔膜泵、柱塞泵

具有流量低、扬程高的特点，可以用于加药或者输送小流量的污泥。

工业污水处理厂对于水泵的选择要求：首先，要加强泵的优化选型工作；其次，结合变频调速、优化组合和污水源热泵等先进且高效的节能技术对泵类设备进行节能技术改造，从而达到节能降耗的目的；最后，要考虑泵的耐腐蚀和抗酸碱性能，因为工业污水的水质复杂，具有 SS 含量高、酸碱性强等特点。

2. 风机的选型

1）离心风机特点

叶轮采用三元流理论设计，采用流量分析技术预测风机性能。风扇采用轴向进口导叶和扩压器调节装置。风机主体组装在齿轮增速箱的壳体上。润滑油系统、电机和齿轮增速箱紧凑地安装在公共底座上,底座兼作燃油箱。

转子严格平衡后,振动小,可靠性高,整体噪声低。转动惯量很小,单位的启动和停车时间短。与流量和压力相同的多级离心风机相比,能耗低,重量轻,占地面积小。

风机结构先进合理,易损件少,安装、操作、维护方便。整机轴承振动、温度、防喘振控制、启动联锁保护、故障报警、润滑系统油压、油温控制等均由可编程序逻辑控制器控制,可以监控整机操作。

2)罗茨鼓风机特点

(1)噪声低

风机进、排气口采用了螺旋结构,使风机的进排气随转子的旋转而逐渐进行,避免了旧式风机因瞬间打开和关闭而产生的脉动和噪声,因此运转平衡,噪声低。产品配套的消声器采用了先进的吸声材料和特殊结构,也有效地降低了风机的噪声。

(2)运转平稳,无振动

采用叶轮加工,使转子啮合间隙均匀一致,并形成平衡状态,在此基础上,转子经过更精密的动平衡试验,使风机运转几乎无振动。

(3)效率高,能耗低

风机转子采用特殊设计,密封好,泄漏少,容积效率进一步提高。

(4)使用寿命长

风机齿轮经渗碳处理,磨削加工,精度达到五级,齿面更耐磨。轴承采用承载能力大的双排滚子进口轴承,因此提高了风机的使用寿命。

(5)输出空气清洁

风机采用特殊结构设计,避免了油类物质进入机壳内,因此输出空气不含任何油质。

(6)标准化生产

包括附件在内的所有风机产品,都实现了标准化设计和生产,互换性和通用性好,满足高质量、低成本、大批量生产的目的。

(7)选型方便、合理

产品规格型号多,分档更细,性能参数更密集,方便客户选择,降低了使用成本。

3)离心风机与罗茨鼓风机的区别

①工作原理不同　离心风扇使用曲线风叶,气体通过离心力被吸入壳体;罗茨鼓风机使用两个"8"字形风叶,它们之间的间隙非常小。挤压两个叶片以将气体挤压到空气出口。

②风量不同　通常罗茨鼓风机用于风量不大的地方;离心风机用于风量很大的地方。

③如果负载需要恒定的流量效应,使用罗茨鼓风机。由于罗茨鼓风机是恒流风机,工作的主要参数是风量,输出压力随管道和负载的变化而变化,风量变化不大。如果负载需要恒定的压力效应,使用离心风机。由于离心风机属于恒压风机,工作的主要参数是压力,输出风量随管道和负荷的变化而变化,风压变化不大。

在选择罗茨鼓风机和离心风机时,需要根据具体情况进行比较和判断。罗茨鼓风机的风量通常比离心风机小,风压也通常比离心风机高,因此在需要大风量或高风压的情况下,罗茨鼓风机更合适。

④离心风机具属于平方扭矩特性,而罗茨鼓风机基本上属于恒转扭矩特性。

3. 减速器的选型

1）减速器在选型过程中需要了解的系数和参数

需要了解的系数包括：工况系数、安全系数、环境温度系数、负荷率系数、公称功率利用系数。

需要了解的参数包括：电机功率、电机转速、所需要的功率、减速机所连接的工作机的转速、每天工作时间、工作环境、温度。

2）减速器选型步骤

（1）确定减速器的传动比

根据用户要求的传动比选取接近的公称传动比。

$$传动比=电机转速/工作机转速$$

（2）确定减速器的公称输入功率

$$减速机器计算功率=减速机所连接的工作机械所需要功率×$$
$$工作机械工况系数×安全系数$$

公称输入功率大于等于计算功率。

公式中出现的工作机械工况系数和安全系数需查询各个系列的减速器的样本。算出计算功率后查询对应的表找出公称输入功率，确定减速器的名义中心距。

4. 曝气器的选型

微孔曝气器是鼓风曝气充氧的必备设备。曝气设备的选型不仅影响污水生化处理效果，而且影响污水场占地、投资及运行费用。微孔曝气器主要有：悬挂链式曝气器、膜片式微孔曝气器、旋切式曝气器、管式曝气器、盘式曝气器、微孔陶瓷曝气器、软管式曝气器等。

1）悬挂链式曝气器

这种曝气器采用悬挂式设计，通过链条悬挂于曝气池中，具有通气性好、氧气利用率高、不易堵塞等优点。在处理水量较大、需提高氧气利用率、维护方便和能耗较低等情况下，可以选择使用悬挂链式曝气器。

2）膜片式微孔曝气器

曝气气泡直径小，气液界面直径小，气液接触面积大，气泡扩散均匀，不会产生孔眼堵塞，耐腐蚀性强。特别适用于城市污水和大型工厂新建扩建和老曝气池改造，且曝气池可间歇运行。在处理水量较小、需低噪声运行和维护难度较大等情况下，可以选择使用膜片式微孔曝气器。

3）旋切式曝气器

这种曝气器采用旋切式设计，具有通气性好、氧气利用率高、不易堵塞等优点。在处理水量大，需提高氧气利用率、维护方便和能耗低等情况下，可以选择使用旋切式曝气器。

4）管式曝气器（曝气管）

在间歇与连续曝气过程中采用节能设计，安装成本低，可靠性高，性能卓越。精密钻孔有利于高效氧气传输及利用：为适用曝气系统的规格要求，可使用不同的钻孔模式来调节工作压力，如不同的狭缝长度、距离、钻孔密度。钻孔长度 200~1200mm，标准长度为 500mm、750mm 和 1000mm，安装于圆形或方形管体的膜片材料是基于纳米技术设计的防堵塞表层，用于防止固体和生物性凝固堵塞。管式曝气器(曝气管)置换膜片在废水处理行业中采用微孔曝气膜片，氧气利用效率高和能源消耗低，置换膜片与大多数微孔曝气膜片系统通用。在处理高浓度废水，需节能环保、易于维护和适应性强等情况下，可以选择使用管式曝气器。

5)盘式曝气器(曝气盘)

在间歇与连续曝气过程中采用节能设计，安装成本低，可靠性高。精密钻孔有利于高效氧气传输及利用：为适用曝气系统的规格要求，可使用不同的钻孔模式来调节工作压力，如不同的狭缝长度、距离、钻孔密度。钻孔直径在 184~295mm，为适用广泛水处理领域而配制的不同标准和特殊之膜片材料。在处理水量较大，需要高效率、抗堵塞性强和适应性强等情况下，可以选择使用盘式曝气器。

6)微孔陶瓷曝气器

这种曝气器采用陶瓷材料制成，具有通气性好、氧气利用率高、不易堵塞等优点。在处理特殊废水，需要高效曝气、易于清洗和抗老化性能好等情况下，可以选择使用微孔陶瓷曝气器。

7)软管式曝气器

这种曝气器采用软管材料制成，具有氧气利用率高、噪声低等优点。在需要灵活布置、避免堵塞、低能耗和易于维护等情况下，可以选择使用软管式曝气器。

【任务评价】

序号	任务内容	任务标准	分值	得分
1	泵机的选用	熟悉泵机的工作原理、选型	25	
2	确定风机的选用	熟悉风机类型、性能、使用条件	25	
3	确定减速器的选用	熟悉减速器类型、性能、使用条件	25	
4	确定曝气器的选用	熟悉曝气器类型、性能、使用条件	25	
	总分		100	

任务3-2　认识组合设备

【任务目标】

熟练掌握加药装置、混合反应器、气浮机、沉淀池、吸附与过滤装置、吹脱、消毒设备的作用、安装位置及类型。

【任务描述】

本任务要认识家具企业废水处理的组合设备及其类型，根据家具企业的实际工艺确定需要哪些组合设备。

【任务分析】

不同种类家具生产工艺需要不同的组合设备。可以类比选用相似企业采用的废水处理工艺，也可以现场踏勘确定废水的处理工艺，确定需要的组合设备。

【工具材料】

家具企业的工程设计书。

【知识准备】

家具制造企业常用的废水处理组合设备如下。

1. 加药装置

加药装置又称加药系统、加药设备（图3-5），是以计量泵为主要投加设备，将溶药箱、搅拌器、加药装置液位计、安全阀、止回阀、压力表、过滤器、缓冲器、管路、阀门、底座、扶梯、自动监视系统、电力控制系统等按工艺流程需要组装在一个公共平台上，形成一个模块，即所谓的撬装式组合

图3-5　加药装置

式单元。按需要将定量的药剂放入搅拌溶液箱内进行搅拌溶解，溶解完毕再通过计量泵送至投加点。加药量的大小可自由任意调节，以满足不同加药量的场所。

加药装置通过不同的工艺设计，精确配制各类固体和液体的化学药品，再用计量泵准确投加，以达到各种设计要求，如除垢、除氧、混凝、加酸、加碱等。

加药过程可手动操作，也可通过计算机、磁翻板液位计、pH计、行程控制器、变频器等各种电器、仪表，使加药装置成为机电一体化产品，实现自动控制。

加药装置的加药量及加药压力，可根据工业流程的需要，选取合适的计量泵。流量1~8000L/h，压力0.1~25MPa范围内均可选到合适的产品。计量泵的计量精度可高达±1%，并且可以实现多种介质同时输送，单独调整。

加药装置中溶液箱的容积为0.1~20m³，可根据加药量选择。根据输送介质的不同，有多种材料可供选择，如碳钢（碳钢衬胶）、不锈钢、非金属材质（PE、PVC、PP、PTFE）等。

加药装置在选型时，应注意：

①根据系统需要投加溶液量来确定加药装置选用规格（包括计量泵参数、搅拌箱容积、溶液箱容积及现场条件），再根据投加情况，确定投加方式（一般采用"一开一备"或"多开一备"的方式）。

②根据加药性质或所加药剂的参数（名称、浓度、温度、密度、黏度、腐蚀性等）选择各部件的材质（不锈钢、碳钢、非金属材料）、计量泵型号（隔膜泵、柱塞泵）。

③订购系统为几箱几泵。

④计量泵类型、流量和压力。

⑤系统是手动控制还是自动控制。

⑥其他特殊要求。

2. 混合反应器

混合反应器是进行原料混合并发生生化反应的场所。为了适应不同的污水处理需要，在水处理中出现了形状、大小、操作方式等不同的反应器。

1) 完全混合反应器

完全混合反应器又称连续流搅拌池反应器，是以完全混合流形式进行生化反应的反应器。当粒子进入池子后，立刻被均匀混合。流出池子的粒子与其统计总体成正比例。水处理过程中如果在圆形或方形水池内物料连续而均匀地再分配，则可达到完全混合。

2) 搅拌釜式反应器

搅拌釜式反应器由搅拌器和釜体组成。搅拌器包括传动装置、搅拌轴(含轴封)、叶轮(搅拌桨)；釜体包括筒体、夹套和内件、盘管、导流筒等。工业上应用的搅拌釜式反应器种类很多，但按反应物料的相态总体可分成均相反应器和非均相反应器两大类。非均相反应器包括固-液反应器、液-液反应器、气-液反应器和气-液-固三相反应器。

3) 间歇式反应器

这是一种间歇的按批量进行反应的生化反应器，液体物料在反应器内完全混合而无流量进出。例如，在水处理过程中，带有搅拌设备的不连续运行的小水量处理池，分批处理废水，就是一种间歇式反应器。

图 3-6　气浮机

3. 气浮机

气浮机在水中产生大量的微细气泡，使空气以高度分散的微小气泡形式附着在悬浮物颗粒上，造成密度小于水的状态，利用浮力原理使其浮在水面，从而实现固-液分离(图 3-6)。气浮机分为涡凹气浮机、溶气气浮机、分散气浮机和超效浅层气浮机。气浮机优点在于投资少、占地面积小、自动化程度高、操作管理方便。

1) 涡凹气浮机

主要通过涡凹曝气头高速旋转曝气叶轮，使气体在液体中快速分散，以达到气浮效果。高速旋转的曝气叶轮以近 3000r/min 的速度旋转。而气体从叶轮进入液体无法快速扩散，第二个叶片将其切割成两个气泡，反复高速地旋转切割，最终成为微小气泡，产生气浮效果。

2) 溶气气浮机

主要是通过使气体溶解到超饱和溶解，最后释放于气浮池中，达到气浮效果。

3) 分散气浮机

主要是通过分散器将气泡粉碎以达到气浮效果。

4) 超效浅层气浮机

集凝聚、气浮、撇渣、沉淀、刮泥于一体，是一种高效节能的水质净化设备。其 SS 去除率可达 90%~99.5% 甚至更高，COD 的去除率可达 65%~90%，色度的去除率可达 70%~95%。

4. 吸附与过滤装置

吸附就是固体或液体表面对气体或溶质的吸着现象。由于化学键的作用而产生的吸附为化学吸附。化学吸附过程有化学键的生成与破坏，吸收或放出的吸附热比较大，所需活化能也较大，具有选择性。物理吸附是由分子间作用力相互作用而产生的吸附，如活性炭对气体的吸附。物理吸附一般是在低温下进行，吸附速度快、吸附热小、吸附无选择性。

过滤是在推动力或者其他外力作用下悬浮液(或含固体颗粒发热气体)中的液体(或气体)透过介质，固体颗粒及其他物质被过滤介质截留，从而使固体及其他物质与液体(或气体)分离的操作。

过滤器是输送介质管道上不可缺少的一种装置，通常安装在减压阀、泄压阀、定水位阀的进口端。过滤器由筒体、不锈钢滤网、排污部分、传动装置及电气控制部分组成。待处理的水经过过滤器的滤筒后，杂质被阻挡。当需要清洗时，只要将可拆卸的滤筒取出，处理后重新装入即可，因此，使用维护极为方便(图3-7)。

图3-7　过滤器滤头

5. 吹脱设备

吹脱装置是指进行吹脱的设备或构筑物，有吹脱池、吹脱塔等。

在吹脱池中，较常使用的是强化式吹脱池。强化式吹脱池通常是在池内鼓入压缩空气或在池面上安设喷水管，以强化吹脱过程。鼓气式吹脱池(鼓泡池)一般是在池底部安设曝气管，使水中溶解气体如 CO_2 等向气相转移，从而得以脱除。

吹脱塔又分为填料塔与筛板塔两种(图3-8)。填料塔塔内装设一定高度的填料层，液体从塔顶喷下，在填料表面呈膜状向下流动；气体由塔底送入，自下而上同液膜逆流接触，完成传质过程。其优点是结构简单，空气阻力小。缺点是传质效率不够高，设备庞大，填料容易堵塞。

筛板塔是在塔内设一定数量的带有孔眼的踏板，水从上往下喷淋，穿过筛孔往下，空气则从下往上流动，气体以鼓泡方式穿过筛板上液层时，互相接触而进行传质。

6. 消毒设备

消毒是指杀死病原微生物，但不一定能杀死细菌芽孢的方法。用化学的方法来达到消毒的目的药剂叫作消毒剂。常见的消毒设备有：紫外线消毒设备、二氧化氯发生器、臭氧发生器。

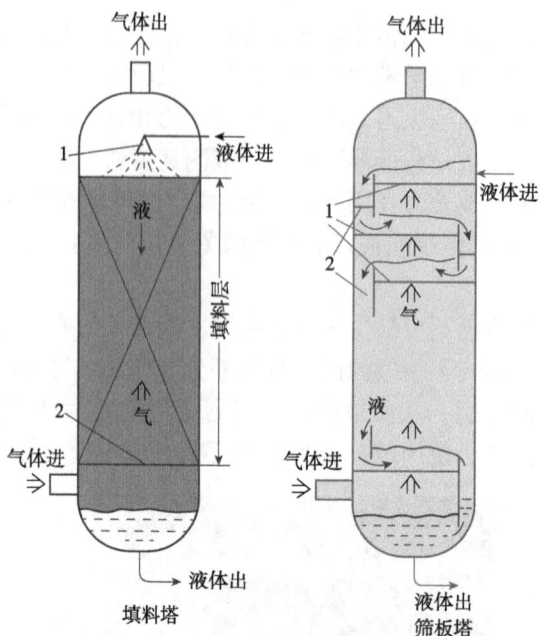

气体出

气体出

1   液体进

液
↓

填料层

液体进

1

2

气

2   气

液

气体进

气体进

液体出

液体出

填料塔

筛板塔

图3-8 吹脱塔

1) 紫外线消毒设备

紫外线消毒设备是用高强度的紫外线杀菌灯照射,破坏细菌和病毒的 DNA 等内部结构,从而达到杀灭水中病原微生物的消毒装置。

2) 二氧化氯发生器

这是一种操作简单、高转化率、高纯度、多用途消毒装置。二氧化氯发生器由釜式反应器、耐酸导管和水射式真空机组组成。釜式反应器采用的是两级或多级反应器,主反应釜内设有空气分布器,副反应釜设置了平衡管,使反应更彻底,反应后的残液可达标排放。生成的二氧化氯也可以制得稳定二氧化氯溶液。

3) 臭氧发生器

这是把氧气转化成臭氧的装置,臭氧的发生技术主要是模拟自然界产生臭氧的方法,大致有光化学法、电化学法和电晕放电法 3 种。电晕放电法产生臭氧是目前最经济、最常用的方法,它是由高压电晕介质阻挡放电,通过高能离子把氧气离解成氧原子,氧原子再和氧分子结合形成臭氧。

7. 污水在线监控系统

水质在线监测系统是以在线自动分析仪器为核心,运用现代传感技术、自动测量技术、自动控制技术、计算机应用技术以及相关的专用分析软件和通信网络组成的一个综合性的在线自动监测体系。

常用的在线监控设备有:COD 在线自动监测仪、NH_3-N 在线自动监测仪、pH 在线自动监测仪、流量在线自动监测仪。

【任务实施】

已知某家具厂废水排放量为 20m³/d，运行方式为 24h 间歇运行。废水的水质情况见表 3-1 所列，请进行污水处理工艺设计。

表 3-1　家具厂废水处理站进出水情况

项目	COD_{Cr} （mg/L）	BOD_5 （mg/L）	SS （mg/L）	NH_3-N （mg/L）	pH 值
原水水质	500	300	300	50	6~9
出水水质	≤100	≤30	≤70	≤15	6~9

根据本工程水量水质的特点分析，COD_{Cr}、BOD_5、SS 及氨氮污染物的浓度都比较高，同时含大量高分子有机物，并且废水排放量变化十分大，为了确保废水处理站的稳定运行、水质达标，同时具有很好的经济性，必须采用厌氧与好氧组合工艺，通过厌氧水解酸化改善废水性质，将高分子物质降解为小分子物质，为好氧生化处理创造条件，使得处理效果提高，同时具有节能功效。理论实践证明，好氧生化处理能耗是厌氧生化处理的 4 倍，但是厌氧生化处理出水水质比较差，不能达到排放标准，故通过好氧生化处理提高处理出水水质，保证出水水质稳定。经过工艺比选，采用工艺流程如图 3-9 所示。

根据以上工艺选取加药装置、混合反应器、气催化氧化池、接触氧化池、絮凝反应池、斜管沉淀池、吸附和过滤工艺、吹脱设备、消毒配置、在线监控设备，完成表 3-2、表 3-3。

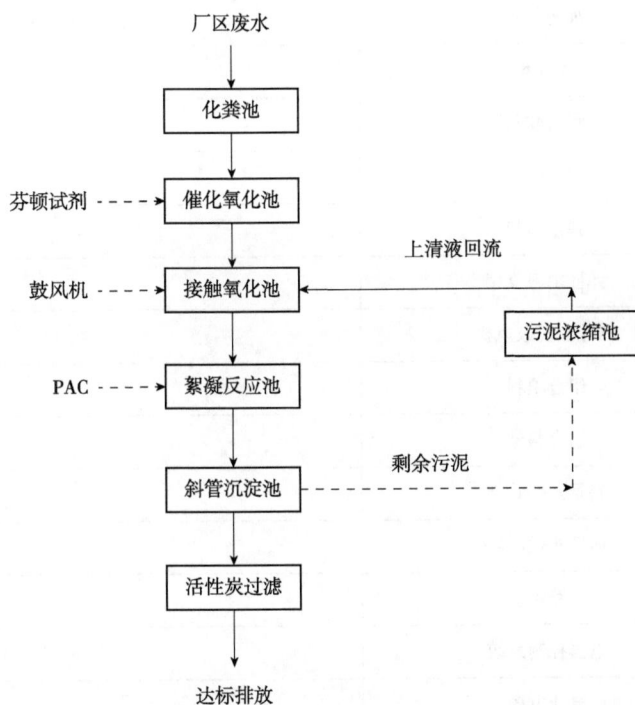

图 3-9　项目废水处理工艺流程图

表 3-2　主要构筑物

序号	名称	规格	数量	备注
1	格栅及调节池			
2	氧化池			
3	一级接触氧化池			
4	二级接触氧化池			
5	絮凝加药池			
6	絮凝沉淀池			
7	污泥浓缩池			
8	综合设备间			

表 3-3　主要设备

序号	名称	型号	数量
1	格栅		
2	提升泵		
3	回流泵		
4	加药装置		
5	曝气盘		
6	曝气软管		
7	曝气管		
8	弹性填料		
9	弹性填料支架		
10	三叶罗茨鼓风机		
11	组合填料		
12	组合料架		
13	斜管及斜管架		
14	活性炭过滤塔		
15	管路系统		
16	电器控制系统		
17	电线电缆		

【任务评价】

序号	任务内容	任务标准	分值	得分
1	加药装置的选取	熟悉加药装置原理、选型、安装位置	10	
2	混合反应器的选取	熟悉混合反应器类型、性能、使用条件	15	
3	气浮池选取	熟悉气浮池类型、性能、使用条件	15	
4	沉淀池选取	熟悉沉淀池类型、性能、使用条件	15	
5	吸附和过滤工艺选取	熟悉吸附和过滤类型、性能、使用条件	10	
6	吹脱设备选取	熟悉不同类型吹脱设备性能、使用条件	10	
7	消毒配置选取	熟悉消毒配置类型、性能、使用条件	10	
8	确定污水在线监控	熟悉污水在线监控设计	15	
	总分		100	

项目 4　家具制造企业废水处理站的运行维护

【项目情景】

小明所在某家具制造企业废水处理站点刚投入使用不久，人员配置及岗位职责、控制系统运行维护、日常运维管理和水质检测都存在一定的问题，导致家具厂废水处理站点运行过程中经常出现各种问题，出水指标超标，为解决这一问题，要求对废水处理站点运维的各个环节进行梳理。

【学习目标】

≫ 知识目标

(1)掌握家具制造企业废水处理站点组织架构。

(2)掌握家具制造企业废水处理站点各岗位及其职责。

(3)熟悉家具制造企业废水处理站点管理。

≫ 技能目标

(1)会编制家具制造企业废水处理站点组织架构和职责。

(2)会精准掌握废水处理站点各岗位职责。

(3)会进行家具制造企业废水处理站点日常管理。

≫ 素质目标

培养责任心强、细心专注、求真务实、吃苦耐劳的职业素养。

任务 4-1　认识废水处理站点组织架构和岗位职责

【任务目标】

能够根据废水处理站点实际工作需求确定废水处理站点组织构架，并熟练掌握各岗位职责。

【任务描述】

根据相关要求和公司实际情况编制一份废水处理站点组织架构和岗位职责。

【任务分析】

本任务需要熟悉污水处理站点的处理工艺，根据处理工艺运行特点确定工艺运行中所需岗位人员，并明确各岗位的职责。可以参照类似企业的废水处理站点相关配置，再结合自身实际情况进行调整。

【工具材料】

废水处理站点组织结构相关资料。

【知识准备】

1. 组织架构

参见图 4-1。

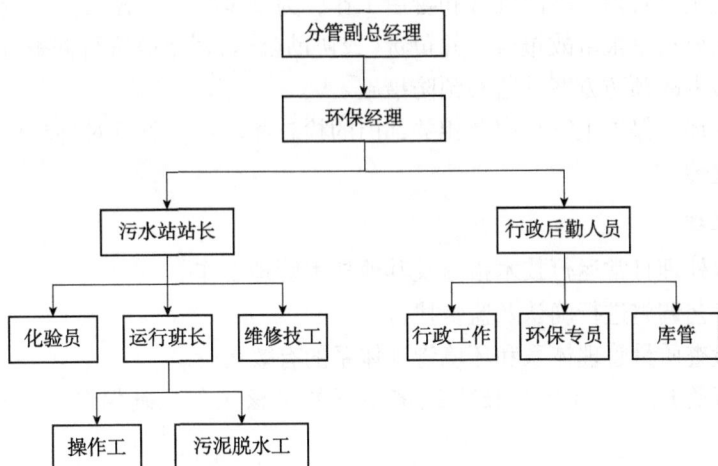

图 4-1 某大型家具生产公司的污水处理系统组织管理架构模式

直线职能式组织结构，其优点在于项目负责人权力集中，便于指挥，同时又实现了专业化；缺点在于领导及总工负责各项目组之间资源协调作用，具体项目信息主要来源于项目负责人的汇报和参与解决特殊问题，时间相对滞后。设计人只对直属上级领导汇报，造成信息链路较长；专业间的沟通联系较为薄弱，经常由于专业间信息沟通不畅而造成返工，影响进度。

直线职能式组织结构要求项目负责人对各个专业都比较精通。负责人进行组织设计策划、主管设计接口的控制、督促完成设计输入输出控制等工作，是设计企业对外的直接窗口，因此项目负责人的专业技术水平、组织协调能力和服务意识对设计成果有着决定性作用。

鉴于污水处理设计的复杂性，长期以来国内设计企业招收新人和人才培养的重点放在专业技术上，技术水平高低也成为能否担当负责人的决定性标准。

2. 各岗位职责

1）分管环保的副总经理

①严格贯彻执行国家和上级有关安全工作的法律、法规、制度和规定。

②负责指导污水处理的运行和行政管理，执行公司下达的各项任务，及时传达公司下达的各项指令，确定环保及污水处理站点的工作方针，落实措施付诸实施。

③负责审定本污水处理各种日报表、周报表、月报表。

④负责将公司下达的任务具体化，形成工作计划，且分解到各部门负责人，并为各部门负责人完成这些计划创造必要的条件。

⑤负责工作计划执行情况的检查，随时解决发生的问题，以确保计划的完成。

⑥建立与健全环保管理的各项规章制度。

⑦熟悉企业的生产工艺流程、产污环节及治污工艺，掌握工艺运行和设备主要参数，了解每位员工的生产技能和工作态度。

⑧负责污水处理岗位职工培训、考评、奖惩，并在公司用人制度允许范围内合理调配工作岗位。对于违纪、违章的员工进行必要的教育，屡教不改的有权责令停工检查和扣发奖金或待岗处罚，情节严重的应报公司处理。

⑨负责安全生产管理、事故处理和善后工作，为安全生产责任人。负责重伤以上事故的应急处理和向公司呈报事故报告，并负责（或协助公司）对事故进行调查分析和责任人的处分，提出类似事故预防方案并落实预防措施。

⑩负责接待环境保护主管部门及相关部门的检查和汇报，负责对外单位和新闻单位的接待、介绍和宣传。

2) 环保部经理

①负责污水处理日常运行技术指导及其他技术管理工作。

②负责对工艺调整进行确认及监督执行。

③监督、检查质量管理体系和环境管理体系的有效运行。

④负责运行管理工作及各项技术经济指标的考核工作，确保各级目标任务的全面完成。

⑤负责制订职工的环境管理及清洁生产方面的培训计划。

⑥负责审核企业环保及污水处理的各种日报表、周报表、月报表。

3) 行政后勤人员

(1) 行政工作

①证照办理　负责各项环保证照的办理、年审、申报等工作。

②行政费用　负责各项环保方面费用的预算申报，做好费用控制。

③供应商管理　负责联系当地相关供应商，并做好购买前三家供应商的询价和资质确定，购买后定期核实费用情况，保质保量地提供相应行政用品及办公设备。

④协助环保部门做好相关部门来访的接待和会议准备、协调工作。

⑤配合人事行政经理了解当地的日常管理工作。

(2) 库管

①行政物品保管　做好办公用品的保管与领用管理，并登记领用台账。

②固定资产管理　配合财务做好固定资产的管理工作，保障公司办公设施的正常使用，做好维修保养工作；监督和管理设备的正常使用，年底配合财务做好固定资产盘点工作。

③严格进出库手续，每月进行一次库存盘查核对，必须做到原辅物料账清、货对，与财务会计达成账物相符。

④必须规范仓库物料存放，做好库存物品的防腐工作。

⑤严格控制无关人员进入库房。

(3) 环保专员

①协助公司进行环保项目资料备案工作，协助上级做好拟建环保项目方案预审工作；

②对环保项目工程质量进行严格把控，做好相关记录，竣工后将资料进行妥善保管；

③参与环保项目验收及质保期满验收工作，将验收结果上报给相关工作人员；

④对污水站操作人员进行安全、环保方面的专业知识培训；

⑤在规定时间内发布污水处理工程进度报表；

⑥协助上级对相关环保制度进行修订，对相关工程档案和台账进行建立保管与维护。

4) 污水站站长

①必须了解生产处理工艺，熟悉污水处理设备、设施的运行要求和技术指标。熟悉工艺系统管道网络图、生产操作规程和安全操作规程。了解不同水质情况下的运行方式。

②必须熟悉生产操作规程、安全操作规程及有关规章制度，做到安全生产。

③负责污水处理站日常生产，协调各岗位操作。

④检查各岗位的巡检、记录及安全情况。督促各岗位及时安全完成生产任务。

⑤组织安排设备维护保养及卫生工作。完成设备的检修和保养计划，使设备经常处在良好的状态。

⑥参加生产会议及周检。

⑦其他有关工作或临时安排的工作。

5) 运行班组长

(1) 运行管理工作

①负责运行操作、维护等各项规程执行情况的监督和向上级提出修订建议，承办设备与设施的检修计划的编制。

②负责起草污水处理站运行管理计划，机械、电气设备的年度检修计划，设备报废计划，备品配件采购计划。

③做好统计，生产台账、设备台账的管理工作。

④按照上级下达的污水处理生产计划组织调度生产，努力完成处理水量、出水水质、污泥泥质及成本控制计划。

⑤负责中控室、水工段与泥工段值班人员的排班与检查组班情况。

⑥负责各工段发生设备或工艺问题的指导与处理，若为操作人员无法解决的事故，则负责向上级汇报，并配合抢修工作。

⑦负责工作碰头会中生产工作的汇报和提出下一步参考意见或建议。

⑧负责生产、维护日报表、检修记录表和事故报告等原始记录的质量和收集、装订、分析，按月送经理办公室归档。

⑨负责生产与维护用药剂、油料、易损件和劳保用品的分发监督。

(2) 安全工作

①定期检查安全操作和运行情况。

②认真贯彻执行和宣传安全生产法规和政策，在编制生产计划的同时负责编制安全技术劳动保护措施。

③负责制定和修订生产中的各项安全操作规程，并检查执行情况，做好安全管理工作。

④坚持"安全第一，预防为主"的方针，每月组织对污水处理设备运行、安全生产情况进行一次检查，及时发现问题，杜绝隐患，确保安全生产。

⑤加强生产、维修现场的安全管理，保证各项安全劳动保护措施的实施，建立安全生产、文明施工的良好秩序。

6)化验员

①必须熟悉本岗位分析项目、分析方法和相关控制指标。能单独进行污水处理正常运行全部项目的检测操作。

②必须严格遵守安全操作规程，确保安全生产。

③必须遵守化验室分析操作规程，并根据生产需要，定时定点取样，认真分析，确保化验数据及时、准确。

④正确配置标准试剂，贴好标签，按现场存放。同时负责污水水质、污泥性质及有关化学原料的分析检测工作。

⑤必须认真校对和审核分析结果，确认正确无误后，及时报出分析结果；并负责水质资料汇总，做到及时、清晰、正确。

⑥正确做好仪器、药品的保管、领用制度。及时制订试剂和仪器的采购计划。

⑦下班前必须检查电器、门窗，防止意外事故发生。

7)操作工

①按照规定做好自己的本职工作，服从上级的工作安排。

②按照规定做好巡视检查工作、卫生工作。

③做好所负责设备的日常维护保养工作，帮助机修工、电工对设备进行一级、二级保养、大修。

④根据交接班制度，做好交接班工作。

⑤做好各种日报表、交接班记录。

⑥必须遵纪守法，模范遵守公司各项规章制度。

8)污泥脱水工

①实施污泥浓缩、污泥脱水，确保污泥处理过程的正常运转。

②熟悉污泥处理工艺流程、运行参数，熟悉和掌握有关构筑物、设备、仪表、管道系统的功能，确保正常运转，使污泥处理过程符合要求。

③熟悉污泥泵、脱水机及配套设备、机械、仪表、电器线路的各种性能，熟练掌握有关操作技术和一般维修保养技术。

④准时、如实、完整、清晰地做好值班记录，正确反映运行情况。

⑤定时、定点、定量取好泥样，并及时将泥样送化验室化验。

⑥严格遵守劳动纪律和考勤制度，生产时要集中精力，认真做好本职工作，做到不脱岗、不睡岗。

⑦认真执行安全操作规程，坚持安全操作、文明生产。上岗必须穿戴劳保用品，保持工作环境干净整洁。除了经常清洁设备外，还要保持地面门窗清洁。

⑧遵照公司的设备保养条例，认真做好设备保养工作。

⑨生产运行期间要向上级负责，有特殊情况，要及时采取相应措施，并向上级汇报，保证安全生产。

9) 维修技工

(1) 电工/仪表工

①确保污水处理动力设备和电缆的正常安全运行。

②电工必须熟悉和掌握各岗位电气设备的工作原理、性能特点。

③及时做好电气设备的维修保养工作，包括照明。

④负责临时电气设备的接线及维护保养工作。

⑤做好对电气元器件的修旧利废工作，厉行节约，反对浪费。

⑥建立电气设备的巡视制度，做好巡视记录，发现问题及时整改。

⑦负责验收外单位修理的电气设备。

⑧做好液压升降台的维护保养工作。

⑨穿戴好劳动保护用品，做好安全生产工作。

⑩按时、准确地做好计量工作，及时反映污水、污泥处理量，溶解氧、酸碱度及电流、电压功率等数据，为生产运行提供操作数据，反映生产运行及设备运转情况。

⑪熟悉和掌握各类仪表的工作原理、性能特点、检测点及检测项目。

⑫定期对仪表进行巡视检查，并做好巡视记录。

⑬定期对仪表进行校核，做好仪表的维护检修工作。

⑭定期做好对仪表机械部位的加油润滑工作。

⑮认真做好记录，定时打印生产运行及监测报表。

⑯完成上级交办的其他工作。

(2) 机修工

①保证设备正常运行，完成上级下达的设备完好率指标，配合其他生产岗位全面完成上级下达的各项技经指标。

②定期对污水处理机械设备进行细致、全面的巡回检查，并做好记录，发现问题要及时处理，无能力处理的问题要及时向有关领导汇报。

③要熟悉、掌握机械设备性能、特点和目前工作状况，主动地协助生产科制订保养、检修和改造计划。

④配合做好机械设备的各种修理任务，特别是设备大修、设备抢修等重大的修理项目。

⑤协助和指导操作工，对设备进行维护保养工作。

⑥做好检修后的现场清理工作，做好检修台账，努力做好修旧利废工作。

⑦负责验收外单位修理的机械设备。

⑧严格遵守劳动纪律，不迟到、不早退、不睡岗。

⑨完成上级交办的其他工作。

【任务实施】

①根据组织的特点、外部环境和目标需要划分工作部门，设计组织机构和结构；

②确定实现组织目标所需要的活动，并按专业化分工的原则进行分类，按类别设立相应的工作岗位；

③规定组织结构中的各种职务或职位，明确各自的责任，并授予相应的权力；

④制定规章制度，建立和健全组织结构中纵横各方面的相互关系。

【任务评价】

任务内容	任务标准	分值	得分
绘制废水处理站点组织架构图	1. 架构图完整合理； 2. 按专业化分工的原则进行分类； 3. 按类别设立相应的工作岗位	30	
设立各岗位并明确各岗位职权	1. 岗位设置合理； 2. 各岗位职责明晰； 3. 根据岗位职责赋予相应权力； 4. 工作内容明晰	40	
分析组织架构和岗位职责	1. 分析组织架构实施可操作性； 2. 组织架构是有利于高效开展工作； 3. 各岗位人员能达到相应要求	30	
总分		100	

任务 4-2　废水处理控制系统运行与维护

【任务目标】

了解家具行业废水处理设施电气、自控及仪表系统的原理、结构，清楚这些系统的运行管理、操作及维护保养。

【任务描述】

本任务要求学会家具污水处理控制系统的运行管理和操作规程、控制系统的日常维护和保养及简易的维修。

【任务分析】

结合污水处理工艺流程对电气及自动控制系统的控制原理及节点进行分析，掌握系统的关键点，重点掌握系统的运行管理规程及维保要点。

【工具材料】

日常的维修工具及电工工具。

【知识准备】

1. 废水处理电气系统运行

1）设备电气控制

根据用电管理制度规定，对于供配电系统应有专人定期巡视。按实际情况，做好记录，发现异常情况，及时向有关部门汇报。

（1）变压器日常运行要求

经常清扫，做到外壳无积灰和油腻。变压器运行声音正常。变压器外壳接地紧固，无松动。绝缘套管无破损裂缝及放电痕迹。

（2）开关柜日常运行要求

检查开关柜中瓷件表面是否有裂纹、缺损和瓷釉损坏，绝缘部件应完整、无缺陷。检查开关柜油漆层是否完整、无损。经常清扫，做到外壳无积灰和油腻。

检查滑动接触面、润滑点、轴承及铰链等。检查开关柜外壳、电压互感器、电流互感器的金属外壳、电流互感器二次绕组的一端及电压互感器的接地端连接情况，均应可靠接地。要求紧固件及防松装置齐全，连接紧密，接地线不得承受外力。

检查电流、电压测量回路，要求表头机械零位准确。定期检查信号柜或高低压柜面板上信号指示器，确定其正常运行。

（3）定期检测电容补偿运行情况

低压功率因数自动补偿柜在手动控制时，应能逐组投入补偿电容，功率因数表的显示应逐级趋向超前，各相电流表显示逐渐上升，相应指示灯显示正确，直至各组均能全部投入；逐组切除补偿电容，功率因数表的显示应逐渐趋向滞后，各相电流表显示逐级下降，相应指示灯显示正确，直至各组均能全部切除。在自动补偿时，应能根据感性负载的增减，在可调范围的时间间隔内，自动地控制补偿电容组的投切动作，应能使功率因数表的显示自动地维持在0.9以上。

（4）线缆配管日常巡视要求

线缆无绝缘层损坏和护套断裂等缺陷。多根平行的线缆弯头应紧密、无缝隙、无翘裂；应紧贴建筑物表面。配管无断裂、锈蚀现象。线缆连接点应牢固，包扎严密，绝缘良好，不伤芯线；接头应设在接线盒或电气器具内；线缆护套层也应引入，无松动。电缆终端头或中间接头的金属外壳与该处的电缆金属护套及铠装层均应良好接地，连接牢固。定期进行绝缘电阻的测量。

（5）接地系统日常巡视要求

接地装置外露部分应进行外观检查，必须连接可靠，油漆完好，标志齐全明显。定期进行接地装置的接地电阻值测量。

2）启动运行

①污水站负责污水处理的日常管理工作。

②运行班组负责污水处理构筑物及机电设备的运行、维修保养、安全管理工作。

③运行管理人员必须熟悉污水处理工艺和设施、设备的运行要求与技术指标。

④操作人员必须了解污水处理工艺，熟悉本岗位设施设备的运行要求和技术指标。

⑤各岗位应有工艺系统网络图、安全操作规程等，并应示于明显部位。

⑥制定技术经济指标，用以反映处理程度、处理能力、设备状态、运行成本及安全生产等。

⑦对各项生产指标、能源和材料消耗等准确计量。

⑧各岗位操作人员应及时、准确、清晰地做好运行和巡视记录。

⑨操作人员发现运行不正常时，应及时处理并上报。

⑩各种机械设备应保持清洁，无漏水、漏油、漏气等现象。

⑪处理构筑物堰口、池壁应保持清洁完好，无杂物。

⑫机电设备应定时检查，添加或更换润滑油或润滑脂。

⑬各种机电设备的电器开关、仪器仪表及计量设备应定期检查。

2. 废水处理自控系统运行

1) 调节池运行管理

调节池是为了使原废水的水质和水量均匀而设置的,因此,必须经常使调节池负荷这一目的的性能。调节池最常见的故障是浮渣和污泥的堆积,由于原废水直接流入池内,可能发生污泥的堆积,减少池的有效容积,并造成污泥固结,浮渣表面干燥,产生恶臭和蝇虫等,有时甚至导致硫化氢中毒、缺氧等恶性事故。

调节池一般要设置曝气或搅拌装置,但具体也要看调节池的布水方式。总的来说都是为了促进废水混合、水质均化,同时还能防止污泥堆积。调节池的水位常有变动,因此在搅拌时要注意对装置进行调整。

以曝气方式进行搅拌能有效防止废水的腐败,这个方法目前已经广泛采用。调节池的曝气鼓风机最好专用,若与其他水池共用,在调节池水位降低时,空气大量进入调节池,会造成其他水池如曝气池的送风量不足。曝气式搅拌的搅拌强度随调节池水位而改变,水位高时,废水若混合充分,能防治污泥堆积。除上述外,还有一种更简单方便的搅拌方式,即将水中的泵和喷射器加以组合,将泵的排出水流和吸入的空气流同时进行曝气混合。

对于含挥发性物质和发泡性物质的废水,要避免曝气式搅拌,而采取更为恰当的措施。在处理含酸废水时,要注意检查调节池的耐酸涂层及衬里,发现问题要及时检查和修补。而清扫调节池时,要注意换气,防止有害气体和缺氧现象发生。同时,要避免个人单独作业。

2) 生化池运行管理

(1) 控制目标

①厌氧池　ORP(氧化还原电位)<-250mV,DO(溶解氧)<0.2mg/L;

②好氧池　MLSS(污泥浓度)2000~3500mg/L,DO>1.5mg/L,曝气均匀。

各组生化池内处理水量、污泥浓度、曝气强度、各仪表指标,应尽量保持一致,以保证水质去除效率的一致性。

(2) 运行管理规定

①运行管理人员应每天掌握生物反应池的 pH、DO、MLSS、MLVSS、SV、SVI、水温等工艺控制指标,并通过微生物镜检检测生物池活性污泥的生物相,观察活性污泥颜色、状态、气味及上清液透明度等,及时调整运行工况。

②污泥负荷、泥龄或污泥浓度可通过剩余污泥排放量进行调整。

③曝气池产生泡沫和浮渣时,应根据泡沫颜色分析原因,采取相应措施恢复正常。

④应经常观察生物反应池曝气装置和水下推动(搅拌)器的运行和固定情况,发现问题,应及时修复。

⑤对生物反应池上的浮渣、附着物以及溢到走道上的泡沫和浮渣,应及时清除,并应采取防滑措施。

⑥根据水质要求及工况变化及时调整溶解氧浓度、碳氮比及污泥回流比等。

⑦当发现污泥膨胀、污泥上浮等不正常的状况时,应分析原因,针对具体情况调整系

统运行工况，应采取有效措施恢复正常。

⑧当生物反应池水温较低时，应采取适当延长曝气时间、提高污泥浓度、增加泥龄或其他方法，保证污水的处理效果。

3）沉淀池运行管理

①沉淀池污泥排放量可根据生物反应池的水温、污泥沉降比、混合液污泥浓度、污泥回流比、泥龄及沉淀池污泥界面高度确定。

②经常检查并调整出水堰板的平整度，防止出水不均和短流，及时清除挂在出水堰板的浮渣。

③应经常观察出水堰口，保持出水均匀；应保持堰板与池壁之间密合、不漏水。

④及时清除水槽上的生物膜。及时检查浮渣斗排渣情况，并经常用水冲洗浮渣斗。

⑤经常检测出水是否带走微小污泥絮粒，造成污泥异常流失。判断污泥异常流失是否有以下原因：污泥负荷偏低且曝气过度，入流污水中有毒物浓度突然升高，细菌中毒，污泥活性降低而解絮，并采取针对措施及时解决。

⑥经常观察沉淀池液面，看是否有污泥上浮现象。若局部污泥大块上浮且污泥发黑带臭味，则沉淀池存在死区；若许多污泥块状上浮又不同于上述情况，则为曝气池混合液 DO 偏低，沉淀池中污泥反硝化。应及时采取针对措施避免影响出水水质。

⑦一般每年应将沉淀池放空检修一次，检查水下设备、管道、池底与设备的配合等是否出现异常，并及时修复。当地下水位较高，注意先降水再放空，以免漂池。

⑧操作人员应经常检查刮吸泥机以及排泥闸阀，应保证吸泥管、排泥管路畅通，并保证各池均衡运行。

⑨对设有积泥槽的刮吸泥机，应定期清除槽内污物。

⑩沉淀池停运 10d 以上时，应将池内积泥排空，并对刮吸泥机采取防变形措施。

⑪刮吸泥机在运行时，同时在桥架上的人数，不得超过允许的重量荷载。

4）中控室运行管理

①熟悉监控系统及各种仪表的工作电压范围、工作原理、性能特点、检测点与检测项目。

②每天定时记录生产报表和监测报表，及时反映厂内的生产运行情况。

③根据生产运行参数及管理人员的指令，开启自动控制设备，以满足工艺要求，没有授权不得随意开停自控设备。

④各类检测仪表的一次传感器均应按要求清污除垢。

⑤微机系统的打印机应根据说明书进行正常保养维护。

⑥检测仪表出现故障，不得随意拆、卸变送器和转换器。

⑦阴雨天气到现场巡视检查仪表时，操作人员应注意防止触电。

⑧非企业内用于运行的计算机软件，严禁在联网的计算机上运行。在运行时，严禁退出计算机软件或插入软盘。

⑨检修检测仪表，应做好防护措施。对长期不用或因使用不当被浸泡的各种仪表，启用前应进行干燥处理。

⑩定期检修仪表的各种元器件、探头、转换器、计算器、传导电视和二次仪表等。保

持各部件完整、清洁、无锈蚀，表盘标尺刻度清晰，铭牌、标记、铅封完好；中心控制室整洁；微机系统工作正常；仪表井清洁、无积水。

⑪非工作人员不得随意进入中控室。

⑫检测仪表出现故障，不得随意拆、卸变送器和转换器。

3. 废水处理仪表的调校和维护

污水处理系统的在线仪表系统的运行维护和大修需委托专门的仪表公司完成，这样有利于节省人力物力，有利于系统正常运行，使系统长期运行的稳定性得到保证，做到定期去调校并按设备说明书做好仪表的清洗和维护。

【任务实施】

①收集电气、仪表及自控专业设计图纸并对照现场电控柜、仪表和自控柜及线缆的走向。

②制定电气、仪表及自控系统的操作规程。

③制定电气安全操作规程。

④制定电气、仪表及自控系统的日常巡检规程及检查记录表。

⑤制定电气、仪表及自控系统的保养规程。

⑥制定电气、仪表及自控系统的维修记录表。

【任务评价】

序号	任务内容	任务标准	分值	得分
1	电气系统的运行管理	1. 熟练掌握电工安全知识； 2. 能制定安全操作标准； 3. 能制定电气系统操作规程	40	
	自控系统的运行管理	1. 了解自控系统的控制原理； 2. 能制定自控系统的操作规程	40	
2	控制系统的维保	能详细制定维保要点	20	
	总分		100	

任务4-3　废水处理工艺运行和管理

【任务目标】

了解家具行业废水处理工艺运行和管理，熟悉构筑物的维护和调试方法，并掌握处理常见故障的方法。

【任务描述】

本任务要学会家具污水处理站的工艺运行和管理，面对突发问题，做出初步的判断并给出解决措施。

【任务分析】

针对本次任务，需要熟悉构筑物的组成、设备的调试方法、工艺运行的原理等，以应对各环节的突发问题。

【工具材料】

日常的维修工具及电工工具。

【知识准备】

1. 物化处理工艺运行和管理

应根据采用的工艺、设备的实际情况，针对不同的构筑物，制定相应的运行管理制度和规程。一般应包括以下内容：

1）使用前应对构筑物和连接管道等进行仔细的检查

①清理土建和设备安装时遗留的垃圾、杂物。

②对池壁和底部混凝土可能存在的蜂窝、麻面以及模板穿墙螺栓遗留的孔洞进行修补。

③对设备安装时造成的表面损伤应检查修复。

④对池内的管线及钢构件进行防腐检查，特别是设备安装时破坏的部位应重新进行防腐处理。

⑤对穿墙管、预埋管和池体接头处进行检查，应密封完好无渗漏。

⑥对有污水污泥收集分配功能的渠、槽和堰，进行标高和水平的校核，使其符合要求。

2）日常运行管理

①及时清理、清运产生的泥渣、垃圾、浮渣等，保持构筑物及周边环境整洁。

②经常对污水污泥收集分配的渠、槽和堰进行清扫，保持负荷均匀。定期对构筑物表面附着的污垢、泡沫以及滋生的杂草、藻类进行清洗，保持构筑物的清洁。

③根据制造商提供的手册或编制的规程，对构筑物内安装的设备定期进行维护和检修。

④定期排除阀门井、仪表井等的积水，避免造成设备的腐蚀和损坏，雨季运行要加强检查和排水。

⑤定期检查行走设备的跑道或轨道，清除油污和异物，冬季应注意清除跑道上的冰雪，防止行走设备打滑或跑偏。寒冷季节，应对露天的管道、阀门采取保温措施，防止冻坏。

⑥对于大型的构筑物，如曝气池、沉淀池，应在池壁上设置多处测点，定期检测标高、位移等，如发现不均匀沉降或池体变形，应研究对策，进行处理。

3）机械设备维护与管理

（1）设备检查

操作人员应在系统启动之前检查下列各项：

①对各项设备和仪表要认真组织单机调试，并制订投运方案，让操作人员熟悉工艺流程及操作指标，了解设备的操作、保养和维护。

②按设备完好标准对机械和工艺设备认真进行检查，标明必要的工艺、设备及安全标记。联系电气工程师全面检查电气系统，包括电气设备及照明等，并根据需要给部分待运设备送电，使其处于备用状态。

③检查各管道、阀门、法兰、螺栓、填料是否连接完善、畅通，对阀门要开关2～3次，使其转动灵活。

④检查加药管线是否畅通，如有堵塞现象要及时冲洗疏通。可在加药箱中加入自来水，用计量泵打入水管，如无法疏通，则需要拆除堵塞管段清通。

⑤组织卫生检查，包括泵房、操作室、工艺设备和工作现场，检查地沟是否畅通，拆除临时设施、废旧物资，疏通消防通道。

（2）设备调试

调试方案按工艺流程进行，基本分为以下四步。

①设备调试，即系统联动试车，检查设备运行情况，记录相关参数；同时对预处理系统设备进行调试。这部分内容在单机试车和联动试车中已基本完成，但在进入污泥接种前应当联动试车运行一次。

②二级处理工艺生化池生物菌种的培养；同时对污泥回流系统、污泥脱水系统进行调试，该部分调试时间计划30d。

③全系统串联调试，筛选污泥处理工艺生物菌种，优化系统运行参数。

④着重调试二级处理工艺生化处理效果，该部分调试时间计划30d。

最后，全系统试生产运行优化，资料准备，组织调试效果验收。

4）污泥接种和驯化

污水生物处理系统与一般设备操作不同，当系统刚刚建立或长时间停用后需重新投入运行时，必须经过系统启动工作方能投入正常运行。由于污水处理的核心部位是生化池中的微生物驯化与培养，微生物是污水净化的主体。因此，污泥接种就是在生化池内加入大量的有活性的微生物，使其在生化池内繁衍生殖，降解有机物。生化池运行的成功与否取决于活性污泥的培养、形成和循环。在污水处理系统的生化调试中，活性污泥的培养在调试中占重要地位。

（1）系统启动之前的工作

①检查沉淀池污泥排放各项设备是否均润滑完毕。

②检查各管道及阀门是否连接完善。

③检查药槽中的化学药剂。

④再次参考单机试车报告。

（2）污泥驯化

启动生物处理系统的第一个重要步骤是培养数量足够的细菌族群（污泥）并加以驯化，以便能够有效地处理废水。当污泥尚未适应废水性质且数量不足以分解废水中有机污染物之前，处理出水往往不能达到设计排放标准。因此在尽可能短的时间内使得污泥数量达到设计要求就成为启动生物处理系统的首要步骤。

虽然在污水中适当的细菌族群可以自然生长且增加数量，但通常需要一段相当长的时间，因此根据实际情况，或通过进入污水直接培养，或直接从其他污水处理厂"接种"污泥至新建系统为有效缩短污泥培养时间的最好方法。在试运行阶段，进入处理装置的污水，水量和水质均无法达到设计要求，因此，在这段时间内，可培养系统中的生物量。在污泥接种阶段，所有设备除曝气系统外均应关闭，防止污泥泄排，影响系统的生物量。以下列举两种接种方式的操作步骤：

①自然接种　即通过原有污水自带有机物及菌种，通过正常处理，进入生活污水和工业废水，并对其进行常规曝气，在一定的时间内会生长出微生物。每天投加一定数量生活污水，以后每天投加的生活污水逐渐减少，生产废水量逐渐增加，生物处理系统中的混合液悬浮固体浓度(MLSS)将逐步增加。此时，生物系统可接纳符合设计要求的进水，并达到设计处理要求。一旦在污泥接种挂膜过程中出现不正常情况，操作人员必须采取必要的应变措施，但在行动前应设法找出原因，并及时与相关技术人员联系以获得技术支持。

②人工接种　当设备由于其他原因，无法承受长时间培养足够污泥时，需采用人工接种方式，通常做法是将其他污水处理厂的浓缩污泥通过环卫槽车直接植入此污水处理装置并采用激活。激活方式可采用封闭式曝气，即设备不接纳污水，也不排放污水，当生物接种基本完成后，可采用分批少量进水并逐步增大进水量的方式完成污泥驯化过程，直至进入污水量达到设计要求。

为了在接种初期有效了解系统的增长及处理情况，可进行一些必要的观察及检测，以便适时采取调整措施。

③污泥驯化步骤　家具厂污水产量大小不等。活性污泥的培养是指一定环境条件下，在二级生化池中逐渐形成处理水所需要浓度和种类的微生物(污泥)的过程。

污水处理的培菌考虑采用闷曝法。这时，二级生化池不能按正常程序运行，其进水、排水需手动操作。如果在温暖季节直接向曝气池充满低浓度污水(一般 COD 小于 500mg/L)，为提高初期营养物浓度，可投加一些浓质粪便或米泔水等。开启曝气系统，在不进水曝气数小时后，停止曝气并沉淀换水。数日曝气、沉淀换水(视 SV = 30 的体积增加的变化)5~10d 即可连续进水，并开启曝气池和沉淀池，污泥回流系统连续运行，7~10d 可见活性污泥出现，则可加大进水量，提高负荷，使曝气池污泥浓度和运行负荷达到设计值，使污水经处理可达标排放所需要的污泥浓度和运行负荷。

④活性污泥的营养要素　家具行业污水处理原水水质复杂，如污水中生活污水所占比例应该较大，因此污水中微生物代谢所需要的营养成分全面而且均衡。如原水生化性较差，生活污水水量又少，生化处理系统出现营养不均衡现象，应考虑人工投加方式补充。

2. 生化处理系统的运行

随着物质文化及生活水平的不断提高，人们对生活及办公环境的美观和环保型家具的需求越来越高，这便大大促进了制造行业对家具进行装饰及喷漆等处理，随之而来的是喷漆废水的产生量及排放量不断增加。

喷漆废水中的污染物组成非常复杂，含有大量的悬浮物和可生化性差的有机物，如聚丙烯酸树脂、聚氨酯醇酸树脂、芳香族溶剂等，它们会存留很长时间，且不容易被分解。这种物质会对人体健康造成严重的危害。工业喷漆产生的废水排放到自然环境中后，会形成长期的污染。废水中物质的水溶性很弱，很难用水将其稀释，经长时间的积累会形成一定的废水层，有毒物质会凝结得越来越多，进而对人们的生产、生活造成严重的影响。

在喷漆过程中，会有大量的有毒有机废气产生，如甲苯、丙酮等，这些废气的产生会提高喷漆房的危险性，一旦排入外界空气，也会对大气环境造成污染，为了降低危险性，需要对喷漆房内产生的漆雾进行净化治理，通常采用干法和湿法两种方法。目前最常用也是最成熟的方法是湿法(水幕式、水旋式、无泵水幕式、水滤式及油帘式等)，即用水作为溶剂对漆雾进行吸收，捕捉吸收过漆雾的水溶剂产生的废水是一种高浓度的喷漆废水，含有大量的油漆颗粒。

目前国内对喷漆废水的治理技术尚不成熟，还在不断的探索中，主要分为物理法、化学法和生物法。由于喷漆废水中含有大量的油漆颗粒，且油漆种类繁多，不同的生产工艺所产生的喷漆废水水质有所不同，根据其水质所采用的治理工艺自然有所不同，主要分为混凝沉淀法、化学氧化法和生物法。

喷漆废水所含污染物成分复杂，可生化性差，且含有大量的难降解有机污染物，单纯采用一种处理方法很难达到良好的处理效果，因此，在实际应用中，经常采用多种处理工艺复合的方式对喷漆废水进行有效处理。

1)初步实验

喷漆废水中含有大量的漆雾颗粒，主要的污染物为苯、甲苯、二甲苯、乙酸乙酯、硝基类化合物以及各种颜料等有机污染物，属于高浓度且可生化性很差的有机废水，废水中组成成分非常复杂，主要污染物为化学需氧量、COD 和悬浮物、SS。其中 COD 浓度为 1260～2380mg/L，SS 浓度为 170～306mg/L，pH 值介于 5～7，废水水质水量的波动范围较大。

对于产生大量喷漆废水的家具生产企业来说，可将喷漆废水和生活污水混合，然后对其进行生物处理，不仅可以稀释可生化性差的有机物的浓度，而且可以降低它们对生物的抑制，同时可通过共代谢作用将可生化性差的物质进行有效的降解转化。但是对于只产生单一喷漆废水的木材加工企业来说，仅使用单一的物化法或者生物法处理，很难使出水稳定达标，而且存在对进水水质要求高的问题，因此，一般建议使用组合的处理工艺对废水进行处理，而且具体的组合工艺需要根据家具喷漆废水的特征来确定。

2)试运行

(1)联动试车的操作

①污水处理系统联动调试

a. 检查、清理排水系统。

b. 放空沉砂池和生物池等所有池体，检查水下设备的状况，彻底清理池底的垃圾、杂物。

c. 关闭所有放空阀、超越阀、排泥阀和沉砂池单边的空气阀，打开所有池体的进水阀、出水阀、沉砂池另一边的空气阀和污水提升泵进水阀。

d. 提升泵房集水进水位达到启动水位后，启动污水提升泵。

e. 开启污水计量系统。

f. 污水泵投入运行后，每隔 4h 启动格栅清污机数分钟，并对栅渣进行压榨处理。

g. 污水进入生化池，启动风机，检查机器是否运转正常。

h. 分别打开各生化池的排泥阀，检验排泥管线的工作情况，同时启动污泥泵及回流泵。

i. 所有设备正常启动，无故障运行48h 后，按下列顺序关停系统：

●关停污水提升泵。

●关停污泥回流泵及排泥系统。

●生化池水位降到 1/3 高度时，关停风机。

j. 清理池面，检查水下设备的情况。

②污泥处理系统联动试运行　在污水处理系统投入正常运转后，可开始污泥处理系统的联动试运行。

●打开污泥池出泥井排泥阀。

●按使用要求稀释絮凝剂。

●启动螺旋输送机系统和带式脱水机，向脱水机注入清水，把转速差调整至起动转速差。

●脱水机注清水运行稳定后，启动污泥注入泵和絮凝剂注入泵，按正常负荷的 1/2 向脱水机注入污泥和絮凝剂。

●调整转速差，使脱水机能正常出泥。

●脱水机稳定出泥后，逐步提高脱水机负荷至额定满负荷，同时要调整转速差，使脱水机正常出泥。

●污泥斗仓存放了一定量的污泥后，打开污泥斗，启动污泥输送泵，把脱水污泥输送至仓库。

●试运行期间每天一次检测浓缩污泥含水率、脱水污泥含水率、溢流液固含量。

③污泥处理停机步骤　系统无故障运行 72h 后，按下列步骤停机：

●关停污泥注入泵和絮凝剂注入泵。

●注入清水，将转筒内沉渣全部冲洗干净，关停脱水机。

●螺旋输送机内的污泥全部送入污泥斗后，关停螺旋输送机。

（2）调试应注意的问题

①通水前对所有设施、管道及水下设备进行检查，彻底清理所有杂物，以避免通水后管道、设备堵塞和维修水下设备影响调试的顺利进行。通水后进行水下设施设备的维护困难相当大，因为维修需将水池放空，特别是有活性污泥后，水排放是个问题，排放出去会发生污染事故，放到其他池子往往又装不下。因此，在通水前一定要认真检查、清理。

②对进水水质严格进行监控，尤其是 pH，超过要求时应立即采取相应措施，否则会使培菌工作前功尽弃。

●培菌初期，曝气池会出现大量的白色泡沫，严重时会堆积两三米高，污染走道和现场仪器仪表，这一问题是培菌初期的必然现象，只要控制好溶解氧和采取适当的消泡措施就可以解决。

●自来水水量和压力大小易被忽视。在调试过程中，化验室和污泥脱水的一些仪器、设备对水量和水压有严格的要求，若达不到要求，这些仪器、设备将无法使用。

3）生化处理系统故障处理

（1）沉淀池出现细碎污泥翻滚、浑浊现象

①可以适当扩大好氧池体积，增加污泥负荷，减少曝气，增强污泥絮凝性，使污泥结构更加稳定；

②调整出水堰的大小、水平，以防止产生短流；

③投加化学絮凝剂；

④调节曝气池中运行的工艺，改善污泥的性质；

⑤更经常、更频繁地从沉淀池排放污泥。

（2）好氧池出现污泥解体、上清液细碎污泥多现象

①调整 SVI，SVI 值在 70~120 较为合适；

②控制好氧池溶氧在 2~4mg/L 的范围；

③调整好氧池营养比例，提高 N、P 投加量。

（3）好氧池有大量泡沫出现

①如果是白色泡沫，可以用自来水冲洗，泡沫特别多的时候，可以适量投加消泡剂。

②如果是茶色或灰色泡沫，减小曝气量，通过喷洒水或水珠以打碎浮在水面的气泡来减少泡沫，严重时适当投加消泡剂。

③控制好进水负荷，避免过高，防止泥龄过长，及时排泥。

综上所述，在遇到故障时应该按照以下途径进行管理水站和解决故障：

首先要建立运行参数的统计资料和分析体系。废水每天不断运行，每天产生的数据都不尽相同，这些数据反映了废水站在过去的每一天中工艺运行的变化情况，针对这些数据的收集和整理、分析和预判、周期性规律的发现和预防，都是废水站日常必须进行的工作。由于废水站的处理核心是大量的微生物，它们的群体数量众多，对于外部环境短期的冲击和改变都会具备一定的缓冲能力，但是会发生一些微小的改变，这种微小的改变是反映整个微生物群体对外界变化的一种回应。这些改变通过活性污泥的宏观参数变化反映出来，通过对历史的数据进行统计和分析，就会发现这种趋势性的变化，这些变化累加到一定程度就会造成废水站的工艺恶化，出现出水水质超标的情况。如果采取合理的措施针对这些变化趋势进行调整，就会产生良好的调整效果。因此，一个具备详尽的污水处理工艺流程参数统计和分析资料的废水站，必须进行的就是针对运行参数和分析资料进行研判，发现是否存在累积的问题，并采取相应的措施进行调整。

其次是现场工艺流程环节的系统性检查。废水站的工艺流程从进水开始，需要经过预处理段的物理分离、生物处理段的微生物反应、深度处理段的化学反应过程，才到达最终的出水。整个过程是一个流程性的过程，每一个环节都会对后续过程产生不同的影响，工艺运行人员需要具备系统性的检查思路。不是盯在某一个环节，而是把环节放在整个系统中进行分析，这样才能得到合理的判断。例如，污泥脱水产量不足，逐步累加会造成系统的活性污泥量增加，污泥龄变长，出现污泥老化，诱发污泥泡沫、污泥膨胀等工艺异常，造成出水悬浮物升高，深度处理段运行压力增加，深度处理用药量增加，膜处理工艺的膜通量下降，整体处理量下降，总磷、COD 可能出现超标等一系列的问题。而这一系列的问题，可能就来自于近期降雨频繁，污泥接纳的填埋场道路泥泞无法运输，或者污泥脱水设备损坏，或者污泥絮凝药剂 PAM 更换厂家，效果下降等看起来和生物工艺不搭界的边缘问题。因此，作为废水站的工艺运行管理人员，要熟知本厂工艺的每一个环节，使每一个工艺环节都保持在稳定运行的状态，这样才能使废水站整体的工艺流程保持稳定运行。

最后是对设备运行工况的检查。整个废水站的处理工艺流程是依赖现场的设备运行来保持运转的，废水站的设备在整个工艺流程中起到很重要的作用。废水站设备的种类众多，功能各不相同，在工艺流程中起到的作用也各不相同。这需要工艺管理人员针对不同的设备具有明确的功能认知，使每台(套)设备都起到其相应的工艺功能，废水站维护工艺设备的目的不仅是使设备能够正常运行，更应该关注设备本身的工艺目标是否实现。在出现工艺运行问题时，也需要排查工艺设备有无正常运行，是否在设计要求的工况范围内运行，能否保障工艺运行的参数。例如，很多废水站对生物池推进器的关注度不够，或者设计的参数不能满足实际工况需要，会造成活性污泥在生物池内需要搅拌推进的区域内发生泥水分离的沉淀，活性污泥沉淀到池底，造成活性污泥和污水接触概率下降，微生物反应概率也随着下降，处理水质就会出现波动，乃至超标。再如，格栅的运行效果差，可能会造成水泵堵塞、曝气头堵塞、搅拌推进器缠绕、MBR膜处理堵塞、二沉池刮吸泥机的吸泥阀堵塞、深度处理的过滤能力下降等一系列的工艺异常可能，最终造成出水水质的异常。

【任务实施】

由于家具厂水处理工艺比较"粗犷"的管理模式，常常使污水站不能长期稳定运行，经过考察发现时常会出现生化池表面出现大量的悬浮物或二次沉淀池出现了大量污泥上浮等问题。

遇到以上问题，可采取以下措施。

①分析问题原因：

a. 家具厂生产过程中时常会产生大量的悬浮物，有一大部分会堵塞管道。进生化池前的预处理设施——格栅会起到很大的作用。之所以生化池会出现大量的悬浮物，很有可能就是预处理的物理处理措施运行管理不善所致。

b. 二次沉淀池出现大量污泥上浮，可能会是以下原因：

●二次沉淀池内污泥沉积，沉积的污泥在厌氧条件下分解产生气体(二氧化碳和甲烷)，造成含有上述气体的污泥漂浮在水面。

●反应池中硝化进程过快，含大量硝酸根离子的混合水流入二次沉淀池后，二次沉淀池底部形成厌氧状态。沉淀的污泥发生脱氮反应，脱氮反应过程中产生的 N_2 存在于污泥中，含有气体的污泥开始浮上水面。

●由于放线菌等生物的增殖，含有生物生成的高级脂肪酸(霉菌酸等)的污泥和生成的高级脂肪酸形成气泡，浮上水面。

●家具生产使用油漆难免会产生一些油漆废液，这些油漆的废液 COD 浓度高达 30 万 mg/L，并且含有有毒有害的有机溶剂，排进污水收集池中进行处理。这些高浓度的废水进入污水站会使污水污染物浓度突然升高，毒害生化系统中的微生物，促使污泥解体上浮。

②查看运行废水处理站的运行台账，总结废水处理站的进水规律。

③制定详细的水处理站的工艺运行管理巡检表(表4-1)。

④总结废水处理站的运行月报，以便保障废水处理站更加稳定地运行。

表 4-1 ××××家具厂废水处理站日常巡检记录表

日期		处理设备运行情况					药品添加记录		产水情况	pH值	巡检人员
年_月		提升泵	风机	回流泵	絮凝加药	消毒加药	絮凝剂	消毒剂			
_日	上午	□正常 □异常	□正常 □异常	□正常 □异常	□正常 □异常	□正常 □异常	___L	___L	□正常 □异常		
	下午	□正常 □异常	□正常 □异常	□正常 □异常	□正常 □异常	□正常 □异常	___L	___L	□正常 □异常		
_日	上午	□正常 □异常	□正常 □异常	□正常 □异常	□正常 □异常	□正常 □异常	___L	___L	□正常 □异常		
	下午	□正常 □异常	□正常 □异常	□正常 □异常	□正常 □异常	□正常 □异常	___L	___L	□正常 □异常		
_日	上午	□正常 □异常	□正常 □异常	□正常 □异常	□正常 □异常	□正常 □异常	___L	___L	□正常 □异常		
	下午	□正常 □异常	□正常 □异常	□正常 □异常	□正常 □异常	□正常 □异常	___L	___L	□正常 □异常		
_日	上午	□正常 □异常	□正常 □异常	□正常 □异常	□正常 □异常	□正常 □异常	___L	___L	□正常 □异常		
	下午	□正常 □异常	□正常 □异常	□正常 □异常	□正常 □异常	□正常 □异常	___L	___L	□正常 □异常		
_日	上午	□正常 □异常	□正常 □异常	□正常 □异常	□正常 □异常	□正常 □异常	___L	___L	□正常 □异常		
	下午	□正常 □异常	□正常 □异常	□正常 □异常	□正常 □异常	□正常 □异常	___L	___L	□正常 □异常		
_日	上午	□正常 □异常	□正常 □异常	□正常 □异常	□正常 □异常	□正常 □异常	___L	___L	□正常 □异常		
	下午	□正常 □异常	□正常 □异常	□正常 □异常	□正常 □异常	□正常 □异常	___L	___L	□正常 □异常		
_日	上午	□正常 □异常	□正常 □异常	□正常 □异常	□正常 □异常	□正常 □异常	___L	___L	□正常 □异常		
	下午	□正常 □异常	□正常 □异常	□正常 □异常	□正常 □异常	□正常 □异常	___L	___L	□正常 □异常		

填表说明：
1. 污水处理设施日常巡检记录是对污水处理站日常生产情况的原始记录，填写人员应认真、如实填写，每周一表。
2. 本运行记录中日期指巡检当天日期，每天至少应在上午上班时和下午下班后各查一次，每次均应检查设备运转和药剂余量情况。
3. 药剂添加记录指该污水处理站在不同时间内各种添加后的药剂投加数量，单位为 L，当班未添加应填写"0"。
4. 药剂稀释标准：①絮凝剂：聚合氯化铝 5kg 加 100L 水稀释；②消毒剂：二氧化氯消毒剂 AB 剂各 0.25kg 加 100L 水稀释，即兑即用。
5. 设备如出现异常，除该表在异常处记录外，需另填写《污水处理设备维修记录表》，该记录表和本表的设备异常日期应一一对应。

【任务评价】

序号	任务内容	任务标准	分值	得分
1	分析问题原因	1. 能够清晰阐述问题现象； 2. 能够多方面分析问题原因	25	
2	分析运行台账，总结规律	1. 分析水厂运行台账准确有序； 2. 能够结合生产规律、气象规律等多因素分析总结台账规律	25	
3	制备巡检表	1. 巡检表清晰明了，简单而全面； 2. 巡检表可操作性强	25	
4	制备水厂月报	1. 水厂月报数据分析准确无误，一目了然； 2. 水厂问题经验总结逻辑性强、规范整洁	25	
	总分		100	

任务 4-4　废水水质检测

【任务目标】

掌握样品的采集、转运和各污染指标的测试方法及在线监测设备运维等方面的知识，能够根据相关要求和公司实际情况制定水质检测的工作流程并随时检测水质。

【任务描述】

对家具生产过程中的废水进行水质检测。

【任务分析】

家具生产过程中的废水主要来自企业员工的生活污水和家具喷漆过程。污染物对人体和环境均有一定的危害，需严格控制。因此，对废水水质进行检测，对后续废水处理和处置具有极其重要的意义。本任务要求掌握废水的采集水样储存和数据记录、在线监测的运行管理等。

【工具材料】

废水水质检测相关设备。

【知识准备】

1. 环境监测的目的

①根据环境质量标准，评价环境质量。监视性监测又称例行监测或常规监测，是对指定的有关项目进行定期的、长时间的监测，这是监测工作中量最大、面最广的工作。

②根据污染特点、分布情况和环境条件，追踪寻找污染源，提供污染变化趋势，为实现监督管理、控制污染提供依据。

③收集本底数据，积累长期监测资料，为研究环境容量、实施总量控制、目标管理、预测预报环境质量提供数据。

④为保护人类健康、保护环境、合理使用自然资源、制定环境法规、标准、规划等服务。

2. 环境监测的项目

①物理指标　色度、温度、浊度、电导率、嗅和味等。

②金属化合物指标　镉、铬、汞、铅、锌等。

③非金属无机化合物　砷、氰化物、氟化物、硫化物、氨氮、DO、pH 值等。

④有机化合物　COD、BOD、油、挥发酚、农药、阴离子洗涤剂等。

⑤细菌学　细菌总数、大肠杆菌。

⑥水文　流速、流量、水深、潮汐、风向、风速等。

3. 监测技术概述

1)化学、物理技术

目前，对环境样品中污染物的成分分析及其状态与结构的分析，多采用化学分析方法和仪器分析方法。例如，重量法常用作残渣、降尘、油类、硫酸盐等的测定；容量分析被广泛用于水中酸度、碱度、化学需氧量、溶解氧、硫化物、氰化物的测定；仪器分析是以物理和物理化学方法为基础的分析方法，它包括光谱分析法、色谱分析法、电化学分析法、放射分析法和流动注射分析法等。

2)生物技术

生物监测包括通过生物体内污染物含量的测定，观察生物在环境中受伤害症状、生物的生理生化反应、生物群落结构和种类变化等手段来判断环境质量。例如，利用某些对特定污染物敏感的植物或动物(指示生物)在环境中受伤害的症状，可以对空气或水的污染作出定性和定量的判断。

4. 环境优先污染物和优先监测

经过优先选择的污染物称为环境优先污染物，简称优先污染物，对优先污染物进行的监测称为优先监测。

优先污染物的特点是：难降解，在环境中有一定残留水平，出现频率较高，具有生物积累性，且毒性较大。

5. 废水的采样和分析

在调试中，需监测的指标和检测频率见表 4-2 所列，表中检测项目和频率仅作为参考，根据现场实际情况而定。

表 4-2　监测指标和检测频率

监测指标	检测频率
氨氮	每 4h 一次
COD_{Cr}	每 4h 一次
pH	每 4h 一次
MLSS	每 2d 检测一次
SV	每 4h 检测一次
生物镜检	每 4h 检测一次
溶解氧	每次进水 30min 后检测一次

采样是废水处理程序中比较重要的一个环节，不正确的采样可能造成操作上做出错误的决定，并由此可能导致处理系统不能正常运行。操作人员除了必须了解各处理单元及设备的功能外，还应能按各项数据判断采取何种操作方法及措施，而采样是否适当直接影响数据正确与否。

水样采集的目的是分析出水达标状况和对各个工艺环节的运行状况进行分析。水样采集是通过采集很少的一部分来反映被采集的整体全貌，因此科学认真地采样是采出有代表性样品的关键。

1）采样步骤

①按采样方案找到相应的采样点；

②找到专用的水样瓶（塑料瓶或玻璃瓶）进行采样；

③开始采样，按照采样规范的要求采集一定量的水样；

④采取恒温保存、加药固化等措施将水样暂时存放好，并及时进行分析；

⑤对于易变化的水样，如果条件允许，应在现场进行分析，不能在现场开展检测分析，采集后应尽快带回实验室进行分析。

2）采样原则

采样一般遵循下列原则以获得正确的数据并减小操作误差：

①对某一构筑物，采样要在同一定点进行；

②样要用专用器具，采样前用水样冲洗 3 遍；

③样点应位于有良好混合条件的场所，避免在死角、短流处采样；

④注意不同的水质分析对水样的要求，例如，用滴定法测 DO 时须在水面下采样；

⑤采样频率视水质、水量波动情况而定，若波动大则采样频率也高。

3）采样方法

（1）随机采样

随机采样指在某一时刻采取足够水量，因此只代表特定瞬时情况，日常操作取样大多为此类。随机采样主要应用于下列场合：

①废水水质变化不大时，用于日常操作；

②水质突变时，用于异常情况下以了解废水来源、频率；

③间断性废水；

④采样后需立即测定的水样。

（2）混合采样

将不同时刻用随机采样方式所取得的水样，混合成一个水样，即为混合水样，它代表着一段时间内废水的平均情况，通常用于以下场合：

①了解一段时间内废水及污泥的平均情况；

②估计处理设备的功效；

③测定废水的特性。

混合采样可分为两种方式：定容积混合采样和流量比例混合采样。定容积混合采样即每次定体积取样，用于废水流量波动小（小于平均流量的 15%）的情况。流量比例混合采样即水样采量与废水流量成正比，用于水质水量波动大的情况。另外，处理进出水的 SS 和 BOD 的测定、污泥输送管线中 SS 的测定也宜采用这种方式。

4）水样储存及数据记录

（1）水样的储存及数据记录

通常污染性较高的水样储存时间不超过 12h，污染性较低的水样储存时间不超过 72h，但储存时间也因分析的项目而异。测得初始数据后，加以计算整理得到所需的水样数据，记录在日报表中。

（2）采样人员的训练

一般而言，水样分析项目及储存方法是操作人员必须了解并熟识的，采样人员应熟练开展下列各项工作：

①水样分析项目；

②利用何种器具及如何应用此种采用器具；

③如何储存水样；

④如何进行完善的采样记录；

⑤采样时应注意的地方；

⑥水样如何传至实验室。

5）水样瓶的标示

水样瓶应标示，以免发生错误。一般有两种标示方法。

（1）永久标示

注明此水样瓶是用于哪个采样点，标明时使用永久墨水。日常操作时多采用此种方式。

（2）特殊标示

需要特殊水样时，应标示详细资料，通常包括地点、时间、现场特殊情况等。

6）现场及实验室记录

现场采样人员应将现场资料记录下来，作为操作人员的参考及实验数据的补充。

实验室人员分析水样后，不但需记录及分析项目，还需将水样瓶标示资料填入。实验进行中出现特殊情况也应加以记录，作为数据取用与否及操作履行的根据。

（1）采样频率

水样的采集频率从理论上讲是越高越好，时间间隔越短越好，从而分析结果也更加可靠，但水样的采集时间和分析时间限制了采集的时间间隔。对污水处理厂的水样采集还要考虑实际的可能性和实用性。

（2）自动采样

自动采样器可较好地进行混合样的采集，而且大部分带有冷藏功能，可保存采集水样水质的稳定。但使用自动采样器时要注意取样管是后插上的，因此应使用无污染采样管，最好采用 PVC 管。由于是自动采样，人们往往忽视了对自动采样器的维护保养和监护。自动采样器采样后，要及时将水样取出。使用自动采样器还应注意定时清洁取样瓶、取样管。

（3）化验室具体规定

①污水处理水、泥、气等监测项目、检测方法应符合国家现行标准《污水综合排放标准》《城市污水水质检验方法标准》和《城市污水处理厂污泥检验方法》的规定。

②化验室应建立、健全质量管理体系、环境管理体系和职业健康安全管理体系。

③每一个监测项目都应有完整的原始记录。当日的样品应在当日内完成检测（粪大肠菌群数和 BOD_5 除外）。应对检测的原始数据进行复审。

④化验监测的各种仪器、设备、标准药品及检测样品应按产品的特性及使用要求固定摆放整齐，并应有明显的标识。

⑤化验监测所用的量具应按规定由国家法定计量部门进行校正，必须使用带有"CMC"标识的计量器具。

⑥化验室必须建立危险化学品、剧毒物的申购、储存、领取、使用、销毁等管理制度。

⑦化验样品的水样保存、容器类别均应符合现行国家标准《水质采样　样品的保存和管理技术规定》的规定。

⑧化验室宜配置紧急喷淋设施。

⑨化验室应配备防火、防盗等安全保护设施。工作完毕，应对仪器开关、水、电、气源等进行关闭检查。

⑩易燃易爆物、强酸强碱、剧毒物及贵重器具必须由专门部门负责保管，并应建立监督机制，领用时应有严格手续。

⑪化验室应设专人对检测的水样和泥样进行编号、登记和验收；化验室检测的精度范围和重现性应符合国家现行的有关标准或规范。

6. 在线监测的运行管理

1）在线监控

水质监测是污水处理每日例行的工作。污水处理站必须设有设备齐备的水质监测中心。每日对每座处理构筑物的水温、pH、电导率、溶解氧、COD、ROD、TOD、TOC、氨氮以及曝气池内混合液浓度（MLSS）等参数进行测定，并行记录。由于在家具行业中工业废水多占有一定的比例，工业废水往往含有有毒有害物质，如重金属等，这些物质在城市污水中多是微量的或超微量的，对这些物质的监测只能使用仪器才能取得较为精确的结果。因此，有条件的污水处理站还应当设置能够监测这些物质的仪器，如气象色谱仪、原子吸收仪等。现在在国外比较普遍，在国内也业已开始，在污水处理设置水质综合自动监测系统装置，在各处理构筑物内的适当位置安设相应的传感装置，能够连续地将处理构筑物的水质状况传给中心控制室，使监测人员及时地掌握水质的变化动态。如水质出现异常状态，发出报警信号，使监测人员及时采取必要的技术措施。

2）运行记录

①污水处理设施运行记录是对污水处理站日常生产情况的原始记录，应认真、如实填写。

②本运行记录每班填写一张，运行记录中日期指工作当天日期，运行时间指该班工作时间内污水处理设施运行时间。

③设施运行情况指该污水处理站各工序的运转情况,如生化物的气浮沉淀、生物的进水曝气、沉淀等运转状况。

④投药量统计指该污水处理站在不同时间内各种药品的投加情况及该班组所用各种药品的总投加量。

⑤水质处理情况指该污水处理站各工序的水质处理情况和最终外排水的水质自动监测、监控情况。

⑥用电情况指该班组工作期间,供电系统使用状况和总耗电量。

⑦处理水量指该班组工作时间内污水处理总量。

⑧设施出现故障,进行维修、维护应记录在案(表4-3)。

⑨交接班情况指交接班时污水处理站的现状,包括污水处理状况、设备运行情况、安全情况、环境卫生及其他事宜。

表4-3　运行管理记录表

日期				
进水	在线监测情况			
水量(m³)	瞬时值		累计值	
水质指标	COD(mg/L)	氨氮(mg/L)	pH	外观
数据				
出水	在线监测情况			
水量(m³)	瞬时值		累计值	
水质指标	COD(mg/L)	氨氮(mg/L)	pH	外观
数据				
工艺情况	生产情况			
DO		MLSS	泥饼产生量	絮凝剂用量
1号		1号		
2号		2号		
3号		3号		

【任务实施】

制订一份详细的废水检测采样和实验方案,检测指标包括:COD_{Cr}、氨氮、pH、MLSS、SV、生物镜检和溶解氧,参见表4-4。

表 4-4　×××家具有限公司污水处理中心水质检验报告单

水样来源			送检日期		送检人员	
检测项目	COD_{Cr}		外　观		检验编号	
检验过程记录						

取水样 ＿＿＿＿ mL，稀释至 ＿＿＿＿ mL，再加入 ＿＿＿＿ g 硫酸汞，加入 ＿＿＿＿ mL 重铬酸钾溶液（＿＿＿＿ mol/L），加入 ＿＿＿＿ mL 由 5g 硫酸银和 500mL 硫酸配制的溶液，加入沸石 4 粒，回流 2h 后，加入 ＿＿＿＿ mL 蒸馏水，冷却后加入亚铁灵指示液 3 滴，用配制好的硫酸亚铁铵溶液滴定（$C_{硫酸亚铁铵}$），使用前标定其浓度。

计算公式：

$$COD = \frac{(V_1 - V_2) \times 8000 \times 稀释倍数 \times C_{硫酸亚铁铵}}{V}$$

检测结果		检验人员		复核人		报告日期	

【任务评价】

序号	任务内容	任务标准	分值	得分
1	掌握废水的采样	能够根据生产实际及要检测的水质指标，准确采样	20	
2	掌握废水中各项指标的检测	1. 能够根据来样特征及待测指标，选择合适的前处理方法； 2. 熟练操作各种分析测试仪器	20	
3	掌握各种水样储存的准确方法	能够根据不同水样类型和所要检测的项目，准确储存水样	20	
4	准确记录和分析实验数据	1. 实验数据记录准确无误； 2. 数据分析符合相关标准	20	
5	掌握在线监测的运行管理	1. 熟悉在线监测的理论知识； 2. 保证设备正常运行	20	
		总分	100	

参考文献

国家市场监督管理总局, 国家标准化管理委员会, 2022. 水平衡测试通则: GB/T 12452—2022 [EB/OL]. https: //openstd. samr. gov. cn/bzgk/gb/newGblnfo? hcno = AA6554B484D81862B2C8F624E92203FA.

林秀兰, 2001. 林产工业污染及防治 [M]. 厦门: 厦门大学出版社.

刘兴龙, 2016. 人造板生产过程中的污染源 [J]. 黑龙江科技信息 (20): 264.

秦伟杰, 2008. 木材加工废水治理研究 [D]. 大连: 大连理工大学.

周安娜, 2018. 典型石化企业节水控制体系的建立及应用研究 [D]. 青岛: 中国石油大学 (华东).

附录　阅读资料

附录 1 环境保护标准

环境保护标准是为了防治环境污染，维护生态平衡，保护人体健康，由国务院环境保护行政主管部门和省级人民政府依据国家有关法律规定，对环境保护工作中需要统一的各项技术要求所制定的各种规范性文件。

1. 作用

1) 环境保护标准是国家环境保护法规的重要组成部分

我国环境保护标准具有法规约束性，是我国环境保护法规所赋予的。在《中华人民共和国环境保护法》《中华人民共和国大气污染防治法》《中华人民共和国水污染防治法》《中华人民共和国海洋环境保护法》《中华人民共和国环境噪声污染防治法》《中华人民共和国固体废物污染环境防治法》《中华人民共和国土壤污染防治法》等法律法规中，都规定了制定实施环境保护标准的条款，使环境保护标准成为环境管理必不可少的依据和环境保护法规的重要组成部分。国家环境保护标准很多是法律规定必须严格贯彻执行的强制性标准。国家环境保护强制性标准由国务院生态环境主管部门制定，与国务院标准化行政主管部门联合发布；地方环境保护强制性标准由省级人民政府制定，并报国务院生态环境主管部门备案。这就使我国环境保护标准具有行政法规的效力。同时，《国家环境保护标准制修订工作管理办法》《国家污染物排放标准实施评估工作指南（试行）》《地方环境质量标准和污染物排放标准备案管理办法》等管理制度文件，规范了环境保护标准从制（修）订到发布实施有严格的工作程序，使环境保护标准具有规范性特征。国家环境保护标准又是国家有关环境政策在技术方面的具体表现，如我国环境质量标准兼顾了我国环境保护工作的区域性和阶段性特征，体现了我国经济建设和环境建设协调发展的战略政策；我国污染物排放标准综合体现了国家关于资源综合利用的能源政策、淘劣奖优的产业政策、鼓励科技进步的科技政策等，其中行业污染物排放标准又着重体现了我国行业环境管理政策。

2) 环境保护标准是环境保护规划的体现

环境保护规划的目标主要是通过标准来体现的。我国环境质量标准就是将环境保护规划总目标依据环境组成要素和控制项目在规定时间和空间予以分解并定量化的产物。因而环境质量标准是具有鲜明的阶段性和区域性特征的规划指标，是环境保护规划的定量描述。污染物排放标准则是根据环境质量目标要求，将规划措施根据我国的技术和经济水平以及行业生产特征，按污染控制项目进行分解和定量化，它是具有阶段性和区域性特征的控制措施指标。

环境保护规划是指何地到何时采取何种措施达到什么标准，也就是通过环境保护规划来实施环境保护标准。通过环境保护标准提供了可列入国民经济和社会发展计划中的具体环境保护指标，为环境保护计划切实纳入国家各级经济和社会发展计划创造了条件；环境保护标准为其他行业部门提出了环境保护具体指标，有利于其他行业部门在制订和实施行业发展计划时协调行业发展与环境保护工作；环境保护标准提供了检验环境保护工作的尺度，有利于生态环境部门对环境保护工作的监督管理，对于加强人们对环境保护工作的监督和参与、提高环境保护意识也有积极意义。

3）环境保护标准是生态环境主管部门依法行政的依据

多年来逐步形成的环境管理制度，是环境监督管理职能制度化的体现。但是，这些制度只有在各自进行技术规范之后，才能保证监督管理职能科学有效地发挥。

环境管理制度和措施的一个基本特征是定量管理，定量管理要求在污染源控制与环境目标管理之间建立定量评价关系，并进行综合分析。因而就需要通过环境保护标准统一技术方法，作为环境管理制度实施的技术依据。

目标管理的核心首先是对不同时间、空间、污染类型，确定相应要达到的环境标准，以便落实重点控制目标；其次需要从污染物排放标准和区域总量控制指标出发，确定建设项目环境影响评价指标和"三同时"验收指标，确定集中控制工程与限期治理项目对污染源的不同控制要求，确定工业点源执行排放标准和总量指标的负荷分配以及相应的排污收税额度。

总之，环境保护标准是强化环境管理的核心，环境质量标准提供了衡量环境质量状况的尺度，污染物排放标准为判别污染源是否违法提供了依据。同时环境监测类标准、环境管理规范类标准和环境基础类标准统一了环境质量标准和污染物排放标准实施的技术与管理要求，为环境质量标准、污染物排放标准的正确实施提供了保障，并相应提高了环境监督管理的科学水平和可比程度。

4）环境保护标准是推动环境保护科技进步的动力

环境保护标准与其他任何标准一样，是以科学与实践的综合成果为依据制定的，具有科学性和先进性，代表了今后一段时期内科学技术的发展方向。环境保护标准在某种程度上成为判断污染物防治技术、生产工艺及设备是否先进可行的依据，成为筛选、评价环保科技成果的一个重要尺度，对技术进步起到导向作用。同时，环境监测类标准和环境基础类标准统一了采样、分析、测试、统计计算等技术方法，规范了环境保护有关技术名词、术语等，保证了环境信息的可比性，使环境科学各学科之间、环境监督管理各部门之间以及环境科研和环境管理部门之间有效的信息交往和相互促进成为可能。环境保护标准的实施还可以起到强制推广先进科技成果的作用，加速科技成果转化为生产力的步伐，使切合我国实际情况的无废、少废、节能、节水及污染治理新技术、新工艺、新设备尽快得到推广应用。

5）环境保护标准是进行环境影响评价的准绳

无论进行环境质量现状评价，编制环境质量报告书，还是进行环境影响预测评价，编制环境影响评价文件，都需要环境保护标准。只有依靠环境保护标准，才能做出定量化的比较和评价，正确判断环境质量的好坏，从而为控制环境质量，进行环境污染综合整治，以及设计切实可行的治理方案提供科学依据。

6）环境保护标准具有投资导向作用

环境保护标准中指标值高低是确定污染源治理资金投入的技术依据；在基本建设和技术改造项目中也是根据标准值，确定治理程度，提前安排污染防治资金。环境保护标准对环境投资的导向作用是很明显的。

2. 环境保护标准体系的结构

环境保护标准分为国家环境保护标准和地方环境保护标准（附图 1-1）。国家环境保护标准包括国家环境质量标准、国家污染物排放标准（控制）标准、国家环境监测类标准、国家环境管理规范类标准和国家环境基础类标准，统一编号 GB、GB/T、HJ 或 HJ/T。地方环境保护标准主要包括地方环境质量标准和地方污染物排放（控制）标准，统一编号 DB。

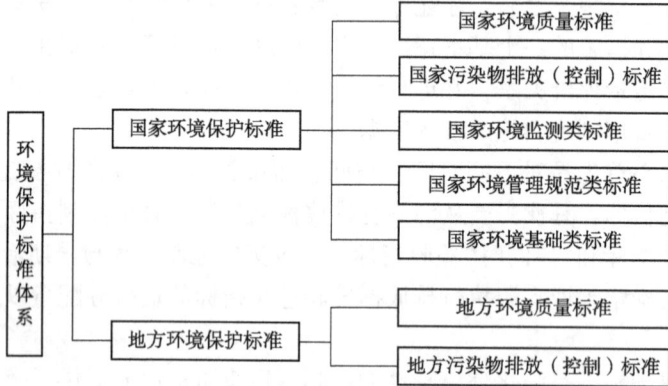

附图 1-1　环境保护标准体系框图

1）国家环境保护标准

（1）国家环境质量标准

国家环境质量标准是为了保障公众健康、维护生态环境和保障社会物质财富与经济社会发展阶段相适应，对环境中有害物质和因素所做的限制性规定，是一定时期内衡量环境优劣程度的标准，是为保护人体健康和生态环境而规定的具体、明确的环境保护目标。

（2）国家污染物排放（控制）标准

国家污染物排放（控制）标准是根据国家质量标准，以及适用的污染控制技术，并考虑经济承受能力，对排入环境的有害物质和产生污染的各种因素所做的限制性规定，是对污染源进行控制的标准，是结合环保需求和行业经济、技术发展水平对排污单位提出的最基本的污染物排放控制要求。

（3）国家环境监测类标准

这是为监测环境质量和污染物排放，规范采样、分析、测试、数据处理等所做的统一规定（指对分析方法、测定方法、采样方法、试验方法、检验方法、生产方法、操作方法、标准物质等所做的统一规定）。环境监测类标准主要包括环境监测分析方法标准、环境监测技术规范、环境监测仪器与系统技术要求，以及环境标准样品 4 个子类。

（4）国家环境管理规范类标准

这是为提高环境管理的科学性、规范性，对环境影响评价、排污许可、污染防治、生态保护、环境监测、监督执法、环境统计与信息等各项环境管理工作中需要统一的技术要求、管理要求所做的规定。

（5）国家环境基础类标准

这是对环境保护标准工作中需要统一的技术术语、符号、代号（代码）、图形、指南、导则、量纲单位及信息编码等做的统一规定。

2）地方环境保护标准

地方环境保护标准是对国家环境保护标准的补充和完善。由省、自治区、直辖市人民政府制定。近年来为控制环境质量的恶化趋势，一些地方已将总量控制指标纳入地方环境保护标准。

（1）地方环境质量标准

对于国家环境质量标准中未做规定的项目，可以制定地方环境质量标准；对于国家环境质量标准中已做规定的项目，可以制定严于国家环境质量标准的地方环境质量标准。地方环境质量标准应报国务院生态环境主管部门备案。

（2）地方污染物排放（控制）标准

对于国家污染物排放标准中未做规定的项目，可以制定地方污染物排放标准；对于国家污染物排放标准已做规定的项目，可以制定严于国家污染物排放标准的地方污染物排放标准。地方污染物排放标准应报国务院生态环境主管部门备案。

3. 环境保护标准之间的关系

1）国家环境保护标准与地方环境保护标准的关系

地方环境保护标准应严于国家环境保护标准；在执行上，地方环境保护标准优先于国家环境保护标准。

国家发布最新的国家环境保护标准，造成早期发布的地方环境保护标准宽松于国家标准要求的，地方环境保护标准中宽松的技术内容自动失效，应及时对地方环境保护标准进行修改或废止。

2）国家污染物排放标准之间的关系

国家污染物排放标准分为跨行业的综合性排放标准（如污水综合排放标准、大气污染物综合排放标准）和行业性排放标准（如火电厂大气污染物排放标准、合成氨工业水污染物排放标准、造纸工业水污染物排放标准等）。综合性排放标准与行业性排放标准不交叉执行。有行业性排放标准的执行行业性排放标准，没有行业性排放标准的执行综合性排放标准。

3）环境保护标准体系要素之间的关系

一方面，由于环境的复杂多样性，环境保护领域中需要建立针对不同对象的环境保护标准，因而它们具有不同的内容、用途、性质、特点等；另一方面，为使不同种类的环境保护标准有效地完成环境管理的总体目标，又需要科学地从环境管理的目的对象、作用方式出发，合理地组织协调各种标准，使其相互支持、相互匹配，以发挥标准系统的综合作用。

环境质量标准和污染物排放标准是环境保护标准体系的主体，它们是环境保护标准体系的核心内容，从环境监督管理的要求上集中体现了环境保护标准体系的基本功能，是实现环境保护标准体系目标的基本途径和表现。

环境基础类标准是环境保护标准体系的基础，是环境保护标准的"标准"，它对统一、规范环境保护标准的制定、执行具有指导作用，是环境保护标准体系的基石。

环境监测类标准、环境管理规范类标准是环境保护标准体系的支持系统。它们直接服务于环境质量标准和污染物排放标准，是环境质量标准与污染物排放标准内容上的配套补充以及环境质量标准与污染物排放标准有效执行的技术保障。

附录 2 环境影响评价

《中华人民共和国环境影响评价法》第二条规定："本法所称环境影响评价，是指对规划和建设项目实施后可能造成的环境影响进行分析、预测和评估，提出预防或者减轻不良环境影响的对策和措施，进行跟踪监测的方法与制度。"环境影响评价在预防和减轻环境污染和生态破坏中发挥着十分重要的作用，从而为社会经济与环境保护同步协调发展提供有力保证。

1. 分类

按评价对象分为规划（战略）环境影响评价和建设项目环境影响评价；按环境要素分为大气环境影响评价、地表水环境影响评价、声环境影响评价、固体废物环境影响评价、生态环境影响评价等；按时间顺序分为环境质量现状评价、环境影响预测评价以及环境影响后评价。

2. 建设项目的环境影响评价

①国家根据建设项目对环境的影响程度，对建设项目的环境影响评价实行分类管理。

建设单位应当按照下列规定组织编制环境影响报告书、环境影响报告表或者填报环境影响登记表（以下统称环境影响评价文件）：

• 可能造成重大环境影响的，应当编制环境影响报告书，对产生的环境影响进行全面评价；

• 可能造成轻度环境影响的，应当编制环境影响报告表，对产生的环境影响进行分析或者专项评价；

• 对环境影响很小、不需要进行环境影响评价的，应当填报环境影响登记表。

根据《建设项目的环境影响评价分类管理名录》（2021 年版）规定，家具制造行业中有电镀工艺的，年用溶剂型涂料（含稀释剂）10t 及以上的编制环境影响报告书，其余的均编制环境影响报告表。

②建设项目的环境影响报告书应当包括下列内容：

• 建设项目概况；

• 建设项目周围环境现状；

• 建设项目对环境可能造成影响的分析、预测和评估；

• 建设项目环境保护措施及其技术、经济论证；

• 建设项目对环境影响的经济损益分析；

• 对建设项目实施环境监测的建议；

• 环境影响评价的结论。

环境影响报告表和环境影响登记表的内容和格式，由国务院生态环境主管部门制定。

建设项目环境影响评价工作一般分为 3 个阶段，即调查分析和工作方案制定阶段，分析论证和预测评价阶段，环境影响报告书（表）编制阶段。

3. 建设项目的环境影响后评价

《中华人民共和国环境影响评价法》对项目环境影响后评价做出如下规定：

在项目建设、运行过程中产生不符合经审批的环境影响评价文件的情形的，建设单位应当组织环境影响后评价，采取改进措施，并报原环境影响评价文件审批部门和建设项目审批部门备案；原环境影响评价文件审批部门也可以责成建设单位进行环境影响后评价，采取改进措施。

"产生不符合经审批的环境影响评价文件的情形的"一般包括以下几种情况：①在建设、运行过程中产品方案、主要工艺、主要原材料或污染处理设施和生态保护措施发生重大变化，致使污染物种类、污染物的排放强度或生态影响与环境影响评价预测情况相比有较大变化；②在建设、运行过程中，建设项目的选址、选线发生较大变化，或运行方式发生较大变化可能对新的环境敏感目标产生影响，或可能产生新的重要生态影响的；③建设、运行过程中，当地人民政府对项目所涉及区域的环境功能做出重大调整，要求建设单位进行后评价的；④跨行政区域、存在争议或存在重大环境风险的。

开展环境影响后评价有两方面的目的：一是对环境影响评价的结论、环境保护对策措施的有效性进行验证；另一个是对项目建设中或运行后发现或产生的新问题进行分析，提出补救或改进方案。组织环境影响后评价的是建设单位，可以是在原环境影响评价文件审批部门要求下组织，也可以是自主组织的。环境影响后评价要对存在的有关问题采取改进措施，报原环境评价文件审批部门和项目审批部门备案。

环境影响后评价的主要内容包括：

1）环境保护过程评价

这是对项目环境保护制度的执行情况、环境保护措施的实施和落实情况进行分析评价。例如，是否按项目进度执行了环境影响评价制度、"三同时"制度、项目竣工环境保护验收制度等，是否按环境保护主管部门批复的环境影响报告书和环境工程设计落实了环境保护措施，是否执行了环境监测计划等。

2）环境效益评价

这是环境保护投资与环境效益的对比分析。着重统计项目用于环境保护的投资（包括环境工程投资和环境影响评价等方面的费用）。

3）环境影响的（后）评价

环境影响的（后）评价包括对项目建设期和营运期目前已发生的环境影响进行回顾评价，以及对未来可能发生的影响进行预测评价。

4）环境目标可持续性评价

通过对上述三方面评价结果的总结，回答项目环境保护目标是否可持续的问题，并为维持环境保护目标可持续性和增强可持续能力，提出环境保护补救措施、项目环境保护和管理改善建议、追加的环境保护投资等内容。

附录 3 "三同时"制度

《建设项目环境保护管理条例》第十五条规定："建设项目需要配套建设的环境保护设施，必须与主体工程同时设计、同时施工、同时投产使用。"

1. 设计阶段的管理

建设项目要鼓励采用无污染或少污染的新技术、新工艺、新设备，降低污染物排放量并达到国家、行业规定的相应标准。

项目建议书中应有环境保护内容，对项目建成后可能造成的环境影响做简要叙述，主要内容应包括：所在地区的环境现状；可能造成的环境影响分析；编制《建设项目环境保护申报表》，在向有审批权的环境保护行政主管部门办理申报登记手续的同时，向上级行业环保部门登记，以便环保部门协调和监督；根据环境保护主管部门对该项目的意见和要求，做好下阶段工作的准备。

可行性研究阶段，项目建设单位根据国家对建设项目的环境保护实行分类管理要求，开展建设项目的环境影响评价工作，编写环境影响报告书或者是报告表（建设项目环境影响评价工作应在可行性研究阶段完成）。

初步设计必须要有环境保护篇章，具体落实环境影响评价报告书（表）及预审、审批意见和可研报告审批意见所确定的各项环保措施。

2. 施工阶段的管理

未办理建设项目环境影响报告书（表）、初步设计、开工报告等审批手续，不得开工建设；在安排主体工程的施工计划时，必须同步安排环保设施的施工计划，并在施工中同步进行；在施工过程中，应当保护施工现场周围的环境，防止对自然环境造成破坏；防止和减轻粉尘、噪声、废水、振动等对周围生活片区的污染和危害。应由施工单位会同工程管理部门制定施工阶段的环境保护措施。

3. 验收运行的管理

建设项目环境保护设施必须与主体工程同时竣工验收并投运。环境保护设施未建成的项目不得验收、不得投产，强行投入生产或使用的，环境保护部门将处以罚款并勒令停产。

建设项目具备验收条件，按《建设项目竣工环境保护验收暂行办法》有关条款办理环境保护设施验收手续。验收不合格的，限期整改；仍不合格，主体工程不得投产。

附录 4　项目竣工环境保护行政许可验收

建设项目环境影响评价、建设项目环境保护"三同时"、排污许可制度构成了建设项目环境保护管理的基本制度。建设项目环境保护"三同时"制度是建设项目环境影响评价制度实施和环境影响文件中各项环境保护措施落实的保证。

建设单位是建设项目竣工环境保护验收的责任主体，建设单位应当按照《建设项目竣工环境保护验收暂行办法》规定的程序和相关验收标准，组织对配套建设的环境保护设施进行验收，编制验收报告，公开相关信息，接受社会监督，确保建设项目需要配套建设的环境保护设施与主体工程同时投产或使用，并对验收内容、结论和所公开信息的真实性、准确性和完整性负责，不得在验收过程中弄虚作假。为贯彻落实新修改的《建设项目环境保护管理条例》，规范建设项目竣工后建设单位自主开展环境保护验收的程序和标准，生态环境部制定了《建设项目竣工环境保护验收暂行办法》。建设项目需要配套建设固体废物污染防治设施的，在《中华人民共和国固体废物污染环境防治法》修改完成前，应由生态环境主管部门对建设项目固体废物污染防治设施进行验收。

1. 验收的分类管理

建设单位应公开相关信息，接受社会监督，确保建设项目需要配套建设的环境保护设施与主体工程同时投产或者使用，并对验收内容、结论和所公开信息的真实性、准确性和完整性负责。以排放污染物为主的建设项目，参照《建设项目竣工环境保护验收技术指南　污染影响类》编制验收报告；主要对生态造成影响的建设项目，按照《建设项目竣工环境保护验收技术规范　生态影响类》编制验收调查报告；火力发电、石油炼制、水利水电、核与辐射等已发布行业验收技术规范的建设项目，按照行业验收技术规范编制验收监测报告或者验收调查报告。

2. 验收重点的确定依据

确定验收重点的依据主要包括以下几方面：

①可行性研究、初步设计文件及批复等确定的项目建设规模、内容、工艺方法及各项环境保护设施和各项生态保护措施，包括监测手段。

②环境影响评价文件及其批复规定应采取的各项环境保护措施、污染物排放、敏感区域保护、总量控制及生态保护的有关要求。

③各级生态环境主管部门针对建设项目提出的具体环境保护要求文件。

④国家法律、法规、行政规章及规划确定的敏感区，如饮用水水源保护区、自然保护区、重要生态功能保护区、珍稀动物栖息地或特殊生态系统、重要湿地和天然渔场等。

⑤国家相关的产业政策及清洁生产要求。

3. 验收重点

1)核查验收范围

对照原环境影响评价批复文件及设计文件检查核实建设项目工程组成,包括建设内容、规模及产品、生产能力、工程量、占地面积等实际建设与变更情况。

核实建设项目环境保护设施建成及环境保护措施落实情况,确定环境保护验收的主要对象。包括为满足总量控制要求,区域内落后生产设备的淘汰、拆除、关停情况;落实"以新带老",落后工艺改进及老污染源的治理情况等。

核查建设项目周围是否存在环境敏感区,确定必须进行的环境质量调查与监测。

2)确定验收标准

建设项目竣工环境保护验收达标的主要依据是污染物达标排放、环境质量达标和总量控制满足要求。建设项目竣工环境保护验收原则上采用建设项目环境影响评价阶段审批部门确认的环境保护标准与环境保护设施工艺指标作为验收标准,对已修订、新颁布的环境保护标准应提出验收后按新标准进行达标考核的建议。

3)核查验收工况

按项目产品及中间产品产量、原料、物料消耗情况,主体工程运行负荷情况等,核查建设项目竣工环境保护验收监测期间的工况条件。

4)核查验收监测(调查)结果

核查建设项目环境保护设施的设计指标,判定建设项目环境保护设施运转效率和企业内部污染控制水平。重点核查建设项目外排污染物的达标排放情况,主要污染治理设施运行及设计指标的达标情况,污染物排放总量控制情况,敏感点环境质量达标情况,清洁生产考核指标达标情况,有关生态保护的环境指标(植被覆盖率、水土流失率)的对比评价结果等。

5)核查验收环境管理

环境管理检查涵盖了验收监测(调查)非测试性的全部内容,包括:建设单位在设计期、施工期执行相关的各项环境保护制度情况;落实环评及环评批复有关噪声防治、生态保护等环境保护措施的情况;建成相应的环境保护设施的情况;建成投产后是否建立健全了环境保护组织机构及环境管理制度,污染治理设施是否正常稳定运行,污染物是否稳定达标排放;建设单位是否规范排污口、安装污染源在线检测仪,实施环境污染日常监测等。

6)现场验收检查

按照建设项目布局特点或工艺特点,安排现场检查。内容主要包括水、气、声(振动)、固体废物污染源及其配套的处理措施,排污口的规范化,环境敏感目标及相应的监测点位,在线监测设备监测结果,生态保护、自然景观恢复措施等的实施效果。

核查建设项目环境管理档案资料,内容包括:环境保护组织机构、各项环境管理规章制度、施工期环境监理资料、日常监测计划(监测手段、监测人员及实验室配备、检测项目及频次)等。

7)风险事故环境保护应急措施检查

建设项目运行过程中,出现生产或安全事故,有可能造成严重环境污染或损害的,验收工作中应对其风险防范预案和应急措施进行检查，检查内容还应包括应急体系、预警、防范措施、组织机构、人员配置和应急物资准备等。

4. 验收结论

依据建设项目竣工环境保护验收监测（调查）结论，结合现场检查情况，对主要监测（调查）结构符合环境保护要求的，提出给予通过验收的建议；对主要监测结果不符合要求，重大生态保护措施未落实的，提出整改的建议。改正完成，另行监测或检查满足环境保护要求后给予通过。

5. 验收监测与调查标准选用的原则

①依据国家、地方审批部门对建设项目环境影响评价批复的环境质量标准和排放标准　如环评未做具体要求，应核实污染物排放受纳区域的环境区域类别、环境保护敏感点所处地区的环境功能区划情况，套用相应的执行标准（包括级别或类别）。环境质量标准仅用于考核环境保护敏感点环境质量达标情况，有害物质限值由建设项目环境保护敏感点所处环境功能区确定。

②依据地方审批部门有关环境影响评价执行标准的批复以及下达的污染物排放总量控制指标。

③依据建设项目初步设计环境保护篇章中确定的环境保护设施的设计指标　如处理效率，处理能力，环境保护设施进、出口污染物浓度，排气筒高度等。对于既是环境保护设施又是生产环节的装置，工程设计指标可作为环境保护设施的设计指标。化工、石化项目多有此类情况，如磷铵工程是硫黄制酸工艺转换率、吸收塔吸收率两项工程设计指标就是环境保护设施的设计指标。

④环境监测方法应选择与环境质量标准、排放标准相配套的方法　若质量标准、排放标准未做明确规定，应首选国家或行业标准监测分析方法，其次选发达国家的标准方法或权威书籍、杂志登载的分析方法。

⑤综合性排放标准与行业排放标准不交叉执行　国家已经有行业污染物排放标准的，应按行业污染物排放标准执行；如果对应的行业标准有地方排放标准，优先执行地方标准。

6. 标准使用过程中应注意的问题

1）污水排放口的考核

①对第一类污染物，不分行业和污水排放方式，也不分受纳水体的功能类别，一律在车间或车间处理设施排放口考核。

②对清净下水排放口，原则上应执行污水综合排放标准（其他行业排放标准有要求的除外）。

③总排放口可能存在稀释排放的污染物，在车间排放口或针对性治理设施排放口以排放标准加以考核（如电厂含油污水），外排口以排放标准进一步考核。

④应重点考核与外环境发生关系的总排污口污染物排放浓度及吨产品最高允许排水量（部分行业）。其中的浓度限值以日均值计，吨产品最高允许排水量以月均值计。

⑤废水混合排放口以计算的混合排放浓度限值考核。

⑥同一建设单位的不同污水排放口可执行不同的标准。

⑦检查排污口的规范化建设。

2)指标考核

①设计指标的考核　按环境影响报告书和设计文件规定的指标，考核环境保护设施处理效率，处理设施进、出口浓度控制指标。

②控制指标的考核　按企业内部管理或设计文件确定的考核指标，考核不同装置或设施处理的污水在与其他污水混合前或处理前的浓度及流量等。

7. 监测结果的评价

使用标准对监测结果进行评价时，应严格按照标准指标进行评价。例如，污水综合排放标准按污染物的日均浓度进行评价；水环境质量标准则按季度、月均值进行评价。

附录5 排污许可证管理

根据国务院办公厅印发的《控制污染物排放许可制实施方案》，控制污染物排放许可制（以下简称排污许可制）是指依法规范企事业单位排污行为的基础性环境管理制度，环境保护部门通过对企事业单位发放排污许可证并依证监管实施排污许可制。

1. 基本原则

1）精简高效，衔接顺畅

排污许可制衔接环境影响评价管理制度，融合总量控制制度，为排污收费、环境统计、排污权交易等工作提供统一的污染物排放数据，减少重复申报，减轻企事业单位负担，提高管理效能。

2）公平公正，一企一证

企事业单位持证排污，按照所在地改善环境质量和保障环境安全的要求承担相应的污染治理责任，多排放多担责、少排放可获益。向企事业单位核发排污许可证，作为生产运营期排污行为的唯一行政许可，并明确其排污行为依法应当遵守的环境管理要求和承担的法律责任义务。

3）权责清晰，强化监管

排污许可证是企事业单位在生产运营期接受环境监管和环境保护部门实施监管的主要法律文书。企事业单位依法申领排污许可证，按证排污，自证守法。环境保护部门基于企事业单位守法承诺，依法发放排污许可证，依证强化事中事后监管，对违法排污行为实施严厉打击。

4）公开透明，社会共治

排污许可证申领、核发、监管流程全过程公开，企事业单位污染物排放和环境保护部门监管执法信息及时公开，为推动企业守法、部门联动、社会监督创造条件。

2. 排污许可证内容

《排污许可管理办法（试行）》中有关排污许可证内容如下：

第十二条　排污许可证由正本和副本构成，正本载明基本信息，副本包括基本信息、登记事项、许可事项、承诺书等内容。

设区的市级以上地方环境保护主管部门可以根据环境保护地方性法规，增加需要在排污许可证中载明的内容。

第十三条　以下基本信息应当同时在排污许可证正本和副本中载明：

（一）排污单位名称、注册地址、法定代表人或者主要负责人、技术负责人、生产经营场所地址、行业类别、统一社会信用代码等排污单位基本信息；

（二）排污许可证有效期限、发证机关、发证日期、证书编号和二维码等基本信息。

第十四条　以下登记事项由排污单位申报，并在排污许可证副本中记录：

(一)主要生产设施、主要产品及产能、主要原辅材料等;

(二)产排污环节、污染防治设施等;

(三)环境影响评价审批意见、依法分解落实到本单位的重点污染物排放总量控制指标、排污权有偿使用和交易记录等。

第十五条　下列许可事项由排污单位申请,经核发环保部门审核后,在排污许可证副本中进行规定:

(一)排放口位置和数量、污染物排放方式和排放去向等,大气污染物无组织排放源的位置和数量;

(二)排放口和无组织排放源排放污染物的种类、许可排放浓度、许可排放量;

(三)取得排污许可证后应当遵守的环境管理要求;

(四)法律法规规定的其他许可事项。

第十六条　核发环保部门应当根据国家和地方污染物排放标准,确定排污单位排放口或者无组织排放源相应污染物的许可排放浓度。

排污单位承诺执行更加严格的排放浓度的,应当在排污许可证副本中规定。

第十七条　核发环保部门按照排污许可证申请与核发技术规范规定的行业重点污染物允许排放量核算方法,以及环境质量改善的要求,确定排污单位的许可排放量。

对于本办法实施前已有依法分解落实到本单位的重点污染物排放总量控制指标的排污单位,核发环保部门应当按照行业重点污染物允许排放量核算方法、环境质量改善要求和重点污染物排放总量控制指标,从严确定许可排放量。

2015 年 1 月 1 日及以后取得环境影响评价审批意见的排污单位,环境影响评价文件和审批意见确定的排放量严于按照本条第一款、第二款确定的许可排放量的,核发环保部门应当根据环境影响评价文件和审批意见要求确定排污单位的许可排放量。

地方人民政府依法制定的环境质量限期达标规划、重污染天气应对措施要求排污单位执行更加严格的重点污染物排放总量控制指标的,应当在排污许可证副本中规定。

本办法实施后,环境保护主管部门应当按照排污许可证规定的许可排放量,确定排污单位的重点污染物排放总量控制指标。

第十八条　下列环境管理要求由核发环保部门根据排污单位的申请材料、相关技术规范和监管需要,在排污许可证副本中进行规定:

(一)污染防治设施运行和维护、无组织排放控制等要求;

(二)自行监测要求、台账记录要求、执行报告内容和频次等要求;

(三)排污单位信息公开要求;

(四)法律法规规定的其他事项。

第十九条　排污单位在申请排污许可证时,应当按照自行监测技术指南,编制自行监测方案。

自行监测方案应当包括以下内容:

(一)监测点位及示意图、监测指标、监测频次;

(二)使用的监测分析方法、采样方法;

(三)监测质量保证与质量控制要求;

(四)监测数据记录、整理、存档要求等。

第二十条　排污单位在填报排污许可证申请时,应当承诺排污许可证申请材料是完整、真实和合法的;承诺按照排污许可证的规定排放污染物,落实排污许可证规定的环境管理要求,并由法定代表人或者主要负责人签字或者盖章。

第二十一条　排污许可证自作出许可决定之日起生效。首次发放的排污许可证有效期为三年,延续换发的排污许可证有效期为五年。

对列入国务院经济综合宏观调控部门会同国务院有关部门发布的产业政策目录中计划淘汰的落后工艺装备或者落后产品,排污许可证有效期不得超过计划淘汰期限。

第二十二条　环境保护主管部门核发排污许可证,以及监督检查排污许可证实施情况时,不得收取任何费用。

3. 排污许可证申请与核发

第二十三条　省级环境保护主管部门应当根据本办法第六条和固定污染源排污许可分类管理名录,确定本行政区域内负责受理排污许可证申请的核发环保部门、申请程序等相关事项,并向社会公告。

依据环境质量改善要求,部分地区决定提前对部分行业实施排污许可管理的,该地区省级环境保护主管部门应当报环境保护部备案后实施,并向社会公告。

第二十四条　在固定污染源排污许可分类管理名录规定的时限前已经建成并实际排污的排污单位,应当在名录规定时限申请排污许可证;在名录规定的时限后建成的排污单位,应当在启动生产设施或者在实际排污之前申请排污许可证。

第二十五条　实行重点管理的排污单位在提交排污许可申请材料前,应当将承诺书、基本信息以及拟申请的许可事项向社会公开。公开途径应当选择包括全国排污许可证管理信息平台等便于公众知晓的方式,公开时间不得少于五个工作日。

第二十六条　排污单位应当在全国排污许可证管理信息平台上填报并提交排污许可证申请,同时向核发环保部门提交通过全国排污许可证管理信息平台印制的书面申请材料。

申请材料应当包括:

(一)排污许可证申请表,主要内容包括:排污单位基本信息,主要生产设施、主要产品及产能、主要原辅材料,废气、废水等产排污环节和污染防治设施,申请的排放口位置和数量、排放方式、排放去向,按照排放口和生产设施或者车间申请的排放污染物种类、排放浓度和排放量,执行的排放标准;

(二)自行监测方案;

(三)由排污单位法定代表人或者主要负责人签字或者盖章的承诺书;

(四)排污单位有关排污口规范化的情况说明;

(五)建设项目环境影响评价文件审批文号,或者按照有关国家规定经地方人民政府依法处理、整顿规范并符合要求的相关证明材料;

(六)排污许可证申请前信息公开情况说明表;

(七)污水集中处理设施的经营管理单位还应当提供纳污范围、纳污排污单位名单、管网布置、最终排放去向等材料;

(八)本办法实施后的新建、改建、扩建项目排污单位存在通过污染物排放等量或者减量替代削减获得重点污染物排放总量控制指标情况的，且出让重点污染物排放总量控制指标的排污单位已经取得排污许可证的，应当提供出让重点污染物排放总量控制指标的排污单位的排污许可证完成变更的相关材料；

(九)法律法规规章规定的其他材料。

主要生产设施、主要产品产能等登记事项中涉及商业秘密的，排污单位应当进行标注。

第二十七条 核发环保部门收到排污单位提交的申请材料后，对材料的完整性、规范性进行审查，按照下列情形分别作出处理：

(一)依照本办法不需要取得排污许可证的，应当当场或者在五个工作日内告知排污单位不需要办理；

(二)不属于本行政机关职权范围的，应当当场或者在五个工作日内作出不予受理的决定，并告知排污单位向有核发权限的部门申请；

(三)申请材料不齐全或者不符合规定的，应当当场或者在五个工作日内出具告知单，告知排污单位需要补正的全部材料，可以当场更正的，应当允许排污单位当场更正；

(四)属于本行政机关职权范围，申请材料齐全、符合规定，或者排污单位按照要求提交全部补正申请材料的，应当受理。

核发环保部门应当在全国排污许可证管理信息平台上作出受理或者不予受理排污许可证申请的决定，同时向排污单位出具加盖本行政机关专用印章和注明日期的受理单或者不予受理告知单。

核发环保部门应当告知排污单位需要补正的材料，但逾期不告知的，自收到书面申请材料之日起即视为受理。

第二十八条 对存在下列情形之一的，核发环保部门不予核发排污许可证：

(一)位于法律法规规定禁止建设区域内的；

(二)属于国务院经济综合宏观调控部门会同国务院有关部门发布的产业政策目录中明令淘汰或者立即淘汰的落后生产工艺装备、落后产品的；

(三)法律法规规定不予许可的其他情形。

第二十九条 核发环保部门应当对排污单位的申请材料进行审核，对满足下列条件的排污单位核发排污许可证：

(一)依法取得建设项目环境影响评价文件审批意见，或者按照有关规定经地方人民政府依法处理、整顿规范并符合要求的相关证明材料；

(二)采用的污染防治设施或者措施有能力达到许可排放浓度要求；

(三)排放浓度符合本办法第十六条规定，排放量符合本办法第十七条规定；

(四)自行监测方案符合相关技术规范；

(五)本办法实施后的新建、改建、扩建项目排污单位存在通过污染物排放等量或者减量替代削减获得重点污染物排放总量控制指标情况的，出让重点污染物排放总量控制指标的排污单位已完成排污许可证变更。

第三十条 对采用相应污染防治可行技术的，或者新建、改建、扩建建设项目排污单位采用环境影响评价审批意见要求的污染治理技术的，核发环保部门可以认为排污单位采用的污染防治设施或者措施有能力达到许可排放浓度要求。

不符合前款情形的，排污单位可以通过提供监测数据予以证明。监测数据应当通过使用符合国家有关环境监测、计量认证规定和技术规范的监测设备取得；对于国内首次采用的污染治理技术，应当提供工程试验数据予以证明。

环境保护部依据全国排污许可证执行情况，适时修订污染防治可行技术指南。

第三十一条　核发环保部门应当自受理申请之日起二十个工作日内作出是否准予许可的决定。自作出准予许可决定之日起十个工作日内，核发环保部门向排污单位发放加盖本行政机关印章的排污许可证。

核发环保部门在二十个工作日内不能作出决定的，经本部门负责人批准，可以延长十个工作日，并将延长期限的理由告知排污单位。

依法需要听证、检验、检测和专家评审的，所需时间不计算在本条所规定的期限内。核发环保部门应当将所需时间书面告知排污单位。

第三十二条　核发环保部门作出准予许可决定的，须向全国排污许可证管理信息平台提交审核结果，获取全国统一的排污许可证编码。

核发环保部门作出准予许可决定的，应当将排污许可证正本以及副本中基本信息、许可事项及承诺书在全国排污许可证管理信息平台上公告。

核发环保部门作出不予许可决定的，应当制作不予许可决定书，书面告知排污单位不予许可的理由，以及依法申请行政复议或者提起行政诉讼的权利，并在全国排污许可证管理信息平台上公告。

附录6 环境管理

环境管理是以环境科学理论为基础，运用经济、法律、技术、行政、教育等手段对经济、社会发展过程中施加给环境的污染和破坏进行调节控制，实现经济、社会和环境效益的和谐统一。为了全面贯彻和落实国家以及地方环境保护法律、法规，加强企业内部污染物排放监督控制，企业内部必须建立行之有效的环境管理机构。

1. 环境管理机构设置及职责

1) 环境管理机构设置

环境管理机构是体现环境管理体制要求的职能部门，要求在企业设置专门的环境管理机构，并配备专职人员1~3人，负责全厂的环境保护宣传、教育、监督检查、污染物监测、资料整理归档等各项环境保护管理工作，定期向企业主要负责人汇报环境保护工作情况，及时解决存在问题，完善企业环境保护工作(附图6-1)。

各主要车间、工段应设环保员(兼职)配合协调厂环保部门工作，对车间工段环境保护设施运行情况进行监督检查。

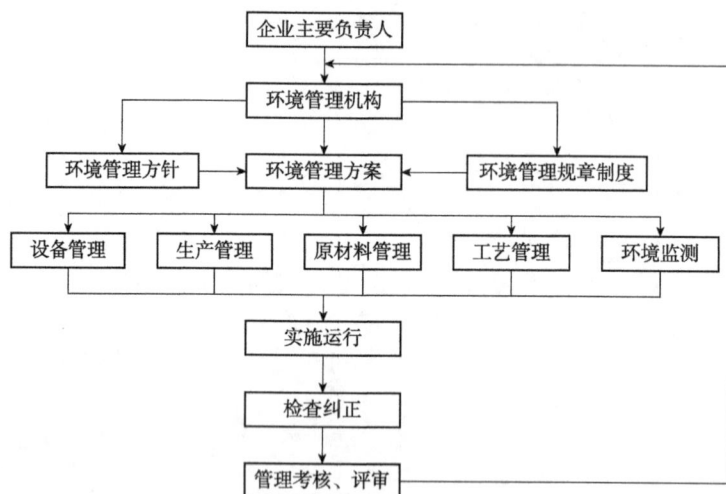

附图6-1 环境管理体系框架图

2) 环境管理人员职责

①监督项目环境保护治理措施、管理措施的实施；

②监督检查厂区各个环境保护设施的运行；

③负责全场职工的环境保护教育工作，以提高全体职工的环境保护意识；

④定期向上级环境保护部门汇报厂区的环境保护工程情况。

2. 环境管理措施

①建立健全企业环境管理规章制度，强化管理手段，将环境保护管理纳入法治管理轨道，建立管理小组及化验室，管理和实施有关的监测计划，实施有效的质量控制，切实监督、落实执行所有规章制度。

②加强运行期生产管理　严格实行污水处理岗位责任制，根据生产情况，及时调整运行条件，出现问题立即解决，做好日常水质化验分析。保存完整的原始记录和各项资料，建立技术档案，并将运行的正常率与事故率等列为岗位责任考核指标。加强污水处理运行设备的保养、维护和处理设施正常运行，杜绝事故性排放的发生。

③加强排污口、排污管网管理　排污口、排污管网应设立专职工作岗位、独立管理，制定完善的岗位制度和规范的操作规程。污水排放应保持一定的流速。

④加强绿化景观管理　建成运行后，应有持续发展的行为，不断地种植、养护、更新、发展，使企业绿化、美化措施落到实处。

⑤节约能源　企业应采取各种措施节约能源，包括提高能源利用效率、使用高效节能设备、加强能源审计等。

⑥减少废物　企业应采取各种措施减少废物产生和排放，包括垃圾分类、回收利用、固体废物处理等。

⑦减少用水　企业应采取各种措施，减少用水量，包括修复漏水、安装节水器具、加强用水管理等。

⑧环保采购　企业应选择环保材料和设备，采用环保供应链管理，确保采购的产品和服务对环境友好。

⑨环保运输　企业应选择环保的运输方式，避免使用危险品种，对运输过程进行环保监管。

⑩环保处理　企业应采取各种措施，处理和处置污水、废气、噪声等污染物，包括建设环保处理设施、加强污染物排放监测等。

⑪环保监测　企业应建立环境监测系统，开展环境监测工作，及时掌握环境状况，为环境管理提供依据。

⑫环保培训　企业应开展环保培训，提高员工的环保意识和素质，推动环保理念的普及和推广。

附录 7 环境监测

环境监测是环境保护管理的"眼睛"，是基本的手段和信息基础，环境监测的特点是以样本的监测结果来推断总体环境质量，因此，必须把握好各个技术环节，包括确定环境监测的项目和范围、采样的位置和数量、采样的时间和方法、样品的分析和数据处理及其质量保证工作等。保证监测数据应具有完整的质量特征、准确性、精密性、完整性、代表性和可比性。

1. 环境监测机构的设置

项目营运后应设置环境监测机构，配备经过专职培训的环保人员，并配备监测所必需的设备仪器和试剂，负责全厂正常的环境监测工作。

2. 环境监测计划

为切实控制厂区内治理实施的有效运行和达标排放，落实排污总量控制制度，根据《建设项目环境保护管理条例》第八条规定，"对建设项目实施环境监测的建议"，可参考附表 7-1。

附表 7-1　环境监测计划

类别	监测位置	监测点数	监测项目	监测频率
废水				
废气				
噪声				

3. 排污口标志和管理

废水排放口、固定噪声源和固体废物贮存必须按照国家和江西省的有关规定进行建设，应符合"一明显、二合理、三便于"的要求，即环保标志明显，排污口（接管口）设置合理，便于采集样品、便于监测计量、便于公众参与和监督管理。同时要求按照《环境保护图形标志实施细则（试行）》的规定，设置与排污口相应的图形标志牌。

1) 排污口管理

建设单位应在各个排污口处竖立标志牌，并如实填写《中华人民共和国规范化排污口标记登记证》，由环境保护部门签发。环境保护主管部门和建设单位可分别按以下内容建立排污口管理的专门档案：排污口性质和编号；位置；排放主要污染物种类、数量、浓度；排放去向；达标情况；治理设施运行情况及整改意见。

2）环境保护图形标志

在厂区的废水排放口、固体废物贮存（处置）场应设置环境保护图形标志，图形符号分为提示图形符号和警告图形符号两种，分别按《环境保护图形标志——排放口（源）》（GB 15562.1—1995）、《环境保护图形标志——固体废物贮存（处置）场》（GB 15562.2—1995）执行。环境保护图形标志的形状及颜色见附表 7-2，环境保护图形符号见附表 7-3。

附表 7-2　环境保护图形标志的形状及颜色

标志名称	形状	背景颜色	图形颜色
警告标志	三角形边框	黄色	黑色
提示标志	正方形边框	绿色	白色

附表 7-3　环境保护图形符号

序号	提示图形符号	警告图形符号	名称	功能
1	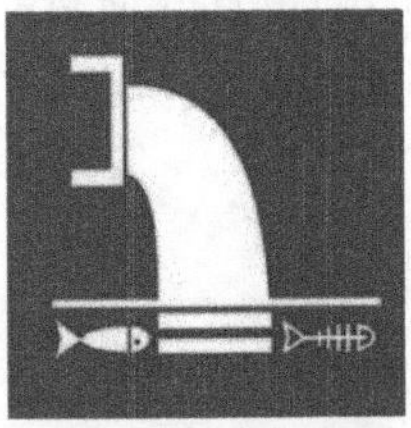		污水排放口	表示污水向水体排放
2	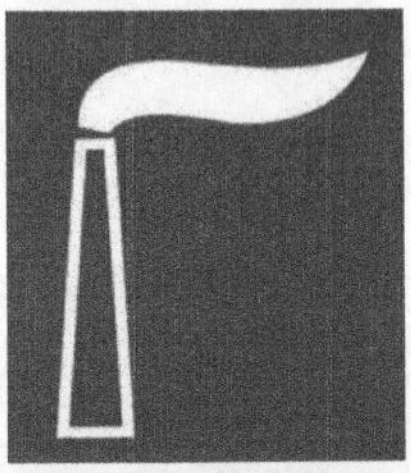		废气排放口	表示废气向大气环境排放
3			噪声排放源	表示噪声向外环境排放
4			一般固体废物	表示一般固体废物贮存、处置场

（续）

序号	提示图形符号	警告图形符号	名称	功能
5			危险废物	表示危险废物贮存、处置场

4. 监测资料建档制度

①根据排污口管理内容要求，项目建成投产后，应将主要污染物种类、数量、浓度、排放去向、立标情况及设施运行情况记录存档；

②监测分析应按化验室质量控制技术进行，对监测的原始记录应完整保留备查；

③对监测资料应及时整理汇总，反馈通报，建立良好的信息系统，定期总结。

企业的环境管理与监测情况，必须随时接受环境保护主管部门的检查和监督。

为提高企业管理和操作水平，保证项目建成后正常运行，必须对有关人员进行有计划的培训，为建成后的良好运行管理奠定基础。

附录 8 环境事故应急预案与处理

1. 突发环境事件分级标准

突发环境事件是指由于污染物排放或者自然灾害、生产安全事故等因素，导致污染物或者放射性物质等有毒有害物质进入大气、水体、土壤等环境介质，突然造成或者可能造成环境质量下降，危及公众身体健康和财产安全或者造成生态环境破坏，或者造成重大社会影响，需要采取紧急措施予以应对的事件。

1) 特别重大突发环境事件

凡符合下列情形之一的，为特别重大突发环境事件：

① 因环境污染直接导致 30 人以上死亡或 100 人以上中毒或重伤的；

② 因环境污染疏散、转移人员 5 万人以上的；

③ 因环境污染造成直接经济损失 1 亿元以上的；

④ 因环境污染造成区域生态功能丧失或该区域国家重点保护物种灭绝的；

⑤ 因环境污染造成设区的市级以上城市集中式饮用水水源地取水中断的；

⑥ Ⅰ、Ⅱ 类放射源丢失、被盗、失控并造成大范围严重辐射污染后果的；放射性同位素和射线装置失控导致 3 人以上急性死亡的；放射性物质泄漏，造成大范围辐射污染后果的；

⑦ 造成重大跨国境影响的境内突发环境事件。

2) 重大突发环境事件

凡符合下列情形之一的，为重大突发环境事件：

① 因环境污染直接导致 10 人以上 30 人以下死亡或 50 人以上 100 人以下中毒或重伤的；

② 因环境污染疏散、转移人员 1 万人以上 5 万人以下的；

③ 因环境污染造成直接经济损失 2000 万元以上 1 亿元以下的；

④ 因环境污染造成区域生态功能部分丧失或该区域国家重点保护野生动植物种群大批死亡的；

⑤ 因环境污染造成县级城市集中式饮用水水源地取水中断的；

⑥ Ⅰ、Ⅱ 类放射源丢失、被盗的；放射性同位素和射线装置失控导致 3 人以下急性死亡或者 10 人以上急性重度放射病、局部器官残疾的；放射性物质泄漏，造成较大范围辐射污染后果的；

⑦ 造成跨省级行政区域影响的突发环境事件。

3) 较大突发环境事件

凡符合下列情形之一的，为较大突发环境事件：

① 因环境污染直接导致 3 人以上 10 人以下死亡或 10 人以上 50 人以下中毒或重伤的；

②因环境污染疏散、转移人员 5000 人以上 1 万人以下的;

③因环境污染造成直接经济损失 500 万元以上 2000 万元以下的;

④因环境污染造成国家重点保护的动植物物种受到破坏的;

⑤因环境污染造成乡镇集中式饮用水水源地取水中断的;

⑥Ⅲ类放射源丢失、被盗的;放射性同位素和射线装置失控导致 10 人以下急性重度放射病、局部器官残疾的;放射性物质泄漏,造成小范围辐射污染后果的;

⑦造成跨设区的市级行政区域影响的突发环境事件。

4)一般突发环境事件

凡符合下列情形之一的,为一般突发环境事件:

①因环境污染直接导致 3 人以下死亡或 10 人以下中毒或重伤的;

②因环境污染疏散、转移人员 5000 人以下的;

③因环境污染造成直接经济损失 500 万元以下的;

④因环境污染造成跨县级行政区域纠纷,引起一般性群体影响的;

⑤Ⅳ、Ⅴ类放射源丢失、被盗的;放射性同位素和射线装置失控导致人员受到超过年剂量限值的照射的;放射性物质泄漏,造成厂区内或设施内局部辐射污染后果的;铀矿冶、伴生矿超标排放,造成环境辐射污染后果的;

⑥对环境造成一定影响,尚未达到较大突发环境事件级别的。

上述分级标准有关数量的表述中,"以上"含本数,"以下"不含本数。

2. 环境应急预案

为了健全企业突发环境事件应急机制,做好应急准备,提高企业应对突发环境事件的能力,明确在不同情景下应急处置人员的职责、分工,明确预警、响应和处置措施;确保突发环境事件发生后,企业能及时、有序、高效地组织应急救援工作,防止污染周边环境,将事件造成的损失与社会危害降到最低,保障公众生命健康和财产安全,维护社会稳定;为当地人民政府、环境保护及相关部门制定应急预案提供支撑,并实现企业与政府及其相关部门现场处置工作的顺利过渡和有效衔接。企业应依据《企业事业单位突发环境事件应急预案备案管理办法(试行)》制定环境应急预案。

企业是制定环境应急预案的责任主体,根据应对突发环境事件的需要,开展环境应急预案制定工作,对环境应急预案内容的真实性和可操作性负责。

企业可以自行编制环境应急预案,也可以委托相关专业技术服务机构编制环境应急预案。委托相关专业技术服务机构编制的,企业指定有关人员全程参与。

环境应急预案体现自救互救、信息报告和先期处置特点,侧重明确现场组织指挥机制、应急队伍分工、信息报告、监测预警、不同情景下的应对流程和措施、应急资源保障等内容。

经过评估确定为较大以上环境风险的企业,可以结合经营性质、规模、组织体系和环境风险状况、应急资源状况,按照环境应急综合预案、专项预案和现场处置预案的模式建立环境应急预案体系。环境应急综合预案体现战略性,环境应急专项预案体现战术性,环境应急现场处置预案体现操作性。

跨县级以上行政区域的企业,编制分县域或者分管理单元的环境应急预案。

1) 环境应急预案制定步骤

①成立环境应急预案编制组，明确编制组组长和成员组成、工作任务、编制计划和经费预算。

②开展环境风险评估和应急资源调查 环境风险评估包括但不限于：分析各类事故衍化规律、自然灾害影响程度，识别环境危害因素，分析与周边可能受影响的居民、单位、区域环境的关系，构建突发环境事件及其后果情景，确定环境风险等级。应急资源调查包括但不限于：调查企业第一时间可调用的环境应急队伍、装备、物资、场所等应急资源状况和可请求援助或协议援助的应急资源状况。

③编制环境应急预案 按照制定要求，合理选择类别，确定内容，重点说明可能的突发环境事件情景下需要采取的处置措施、向可能受影响的居民和单位通报的内容与方式、向环境保护主管部门和有关部门报告的内容与方式，以及与政府预案的衔接方式，形成环境应急预案。编制过程中，应征求员工和可能受影响的居民和单位代表的意见。

④评审和演练环境应急预案 企业组织专家和可能受影响的居民、单位代表对环境应急预案进行评审，开展演练进行检验。

评审专家一般应包括环境应急预案涉及的相关政府管理部门人员、相关行业协会代表、具有相关领域经验的人员等。

⑤签署发布环境应急预案 环境应急预案经企业有关会议审议，由企业主要负责人签署发布。

2) 企业环境应急预案备案

企业应当在环境应急预案签署发布之日起20个工作日内，向企业所在地县级环境保护主管部门备案。

企业环境应急预案首次备案，现场办理时应当提交下列文件：

①突发环境事件应急预案备案表；

②环境应急预案及编制说明的纸质文件和电子文件，环境应急预案包括环境应急预案的签署发布文件、环境应急预案文本，编制说明包括编制过程概述、重点内容说明、征求意见及采纳情况说明、评审情况说明；

③环境风险评估报告的纸质文件和电子文件；

④环境应急资源调查报告的纸质文件和电子文件；

⑤环境应急预案评审意见的纸质文件和电子文件。

提交备案文件也可以通过信函、电子数据交换等方式进行。通过电子数据交换方式提交的，可以只提交电子文件。

3. 事故应对措施

1) 突发环境事件预警分级

根据突发环境事件的严重性、紧急程度、危害程度、影响范围、企业控制事态的能力、需要调动的应急资源以及采取的响应措施将突发环境事件预警分为红色预警、橙色预警、黄色预警、蓝色预警。

(1) 红色预警

红色预警又叫一级预警，指发生的污染事故造成的环境影响可能超出公司控制范围，公司周边大气或水环境质量污染物有超标可能,环境污染事件对周边单位群众生产生活可能造成一定影响。

(2)橙色预警

橙色预警又叫二级预警,指发生的污染事故造成的环境影响可能或已经超出事故车间(单元)控制范围,事故车间(单元)邻近区域的大气或水环境质量污染物已超标或有超标的可能,环境污染事件对邻近车间的生产可能造成一定影响。

(3)黄色预警

黄色预警又叫三级预警,指发生的污染事故造成的环境影响可能或已经超出事故工段控制范围,事故工段邻近区域的大气或水环境质量污染物已超标或有超标的可能,环境污染事件对邻近工段的生产可能造成一定影响。

(4)蓝色预警

蓝色预警又叫四级预警,指发生的污染事故造成的环境影响在工段控制范围内,事故车间邻近区域的大气或水环境质量未受到影响,环境污染事件对邻近区域的大气或水环境质量未受到影响,环境污染事件对邻近工段的生产未造成影响。

2)信息报告和情况通报

企业如遇到突发性环境事件,要明确向上级单位、地方人民政府及其环境保护等相关部门报告,同时通报可能受到污染危害的单位和居民。

(1)突发环境事件信息报告

通常信息报告包括初报、续报和处理结果报告。

①初报　指企业向上级单位、地方人民政府及其环境保护等相关部门的首次上报。初报的主要内容包括突发环境事件的发生时间、地点、事件起因和性质、基本过程、主要污染物和数量、监测数据、人员受害情况、事件发展趋势、已经或者可能对环境的影响、已启动的应急响应和已开展应急处置情况、拟进一步采取的措施、工作建议等。

②续报　是在初报的基础上,报告进一步查清核实的情况和事件处置情况。续报视进展情况可以一次或多次报告。

③处理结果报告　是在初报和续报的基础上,报告配合地方人民政府及其环境保护等相关部门处理尾矿库突发环境事件的措施、过程和结果,突发环境事件潜在或者间接危害以及损失、社会影响、处理后的遗留问题、责任追究等详细情况。

突发环境事件信息可以采用传真、网络、邮寄和面呈等方式书面报告,情况紧急时,初报可以通过电话报告,但应当及时补充书面报告。书面报告载明报告单位、报告签发人、联系人及联系方式等内容,并尽可能提供地图、图片、视频以及其他多媒体资料。

(2)突发环境事件情况通报

企业向当地人民政府及其环境保护等相关部门报告的同时,要根据预警级别、初判的突发环境事件后果,明确向周边可能受影响的居民和单位通报的条件和范围,通报的时间、频次、方式以及具体内容等可以参考《环境保护部突发环境事件信息报告情况通报办法》进行设定。

企业在制定突发环境事件应急预案时,应明确:

①从事件第一发现人至事件指挥人之间信息传递的方式、方法及内容。内容一般包括

事件的时间、地点、涉及物质、简要经过、已造成或者可能造成的污染情况、已采取的措施等。

②从企业报告决策人、报告负责人到当地人民政府及其环保部门负责人(单位)之间信息传递的方式、方法及内容。内容一般包括企业及周边概况、事件的时间、地点、涉及物质、简要经过、已造成或者可能造成的污染情况、已采取的措施、请求支持的内容等。

③从企业通报决策人、通报负责人到周边居民、单位负责人之间信息传递的方式、方法及内容。内容一般包括事件已造成或者可能造成的污染情况、居民或单位避险措施等。

3)人员疏散、撤离

当发生突发环境事件时,依照突发环境事件应急预案中的人员安排,现场处置应急小组的任务为现场警戒及人员疏散,其工作流程为:

①立即在事故现场设立警戒线,维护现场交通秩序,保障厂区内外道路畅通,疏散现场人员。

②保护事故现场,禁止无关人员进入事故现场,对出入事故现场的人员做好记录。

③负责事故和受波及区域的员工(或群众)疏散和安置工作。

④负责疏散物资的安全保卫工作。

⑤负责对现场受伤人员的抢救和护送重伤人员到医院救治。

4)消防及医疗救援

当发生突发环境事件时,依照突发环境事件应急预案中的人员安排,医疗救治、后勤保障组的任务是当事故发生时,负责火灾扑救、现场人员搜救、医疗救援等工作。

①当发生事故时,根据指挥部的命令,迅速开展火灾扑救和抢险救援工作。

家具行业易因粉尘爆炸引发火灾,若发生火灾或爆炸事故,救援人员应穿戴好防毒面具(必要时佩戴空气呼吸器)、防护手套和防护服进入现场处置,按照火灾应急预案进行救援,并快速拨打火灾报警电话,寻求外援急救。

②消防救援队到达现场后,协助开展消防抢险工作。

③负责对现场受伤人员的紧急救治。

就家具行业的突发环境事故现场进行分析,对人体可能造成的伤害有中毒、灼伤等。伤员进行相应的适当防护。

选择有利地形设置急救点,做好自身及伤病员的个体防护:a. 溅到皮肤上立即用清水冲洗 10min 以上;溅入眼内,提起眼睑冲洗 15min 以上,必要时就医。b. 有头晕、头痛、恶心、呕吐、兴奋、步态蹒跚等症状,立即脱离现场,移至空气新鲜、环境安静处,换去污衣并就医。c. 给予精神安慰,保证伤员卧床休息,防止过分躁动。d. 误服者应用盐水洗胃,然后用硫代硫酸钠导泻。e. 呼吸困难时,进行人工呼吸,并立即送医院救治。

④负责护送重伤人员到医院救治。

5)事故控制

突发环境事件发生后,企业应当立即启动突发环境事件应急预案,调集物资、设备与人员,采取有效措施,切断或控制污染源,防止污染扩散,避免水体、大气、土壤环境污染,降低突发环境事件的危害。当外部救援单位参与救援时,企业应及时主动提供与应急救援有关的基础资料和必要的技术支持。

　　家具制造企业潜在的环境事故类型主要为粉尘超标，粉尘起火，急性苯/二甲苯中毒，油漆、稀释剂（苯/二甲苯化合物）泄漏及危险废物泄漏等，其相对应急处理办法如下：

　　（1）粉尘超标的应急处理办法

　　油漆车间除尘设备发生故障粉尘排放不达标时，应立即停止喷涂作业，通知相关人员进行抢修，检修完毕空气检测合格后，方可恢复作业。

　　（2）粉尘起火的应急处理办法

　　一旦粉尘和各危险点着火或出现事故征兆，应立即停止作业并切断车间电源。现场安全责任人应立即使用消防沙、灭火器材、相应的消防喷淋喷头扑救火灾；同时呼叫所有作业人员紧急疏散，各岗位人员就近向安全出口依次疏散，撤离到安全区域，直到火源被彻底扑灭。

　　火情严重甚至发生粉尘爆炸的，现场安全责任人应立即关闭车间电源总闸，同时疏散所有人员。联系应急救援小组并开展救援工作，同时组织人员在保障自身安全的前提下使用消防栓、灭火器等器材进行扑救，应急救援小组通信人员立即报警、上报，并联系周围能得到援助的力量。边扑救火灾边等待专业救援队伍的到来。扑灭火灾后的消防废水收集到环境事故应急池经污水处理站处理达标后排放。

　　（3）急性苯/二甲苯中毒的应急处理办法

　　发现喷涂员工出现头晕、恶心、目眩等类似中毒现象或确认发生苯/二甲苯含量超标事故时，现场人员迅速关闭危险源，将中毒人员迅速移离现场，如情况严重无法将中毒人员移离现场，未中毒人员应先紧急撤离。在撤离人员的同时，联系应急救援小组并开展救援工作。救援人员戴上防毒面具方能进入事故现场进行处理（救人、设备处理等），对事故现场进行通风。中毒人员被营救下来之后要放置在通风处，等待救护人员的到来。根据中毒严重程度和引发原因，现场指挥人员派车或拨打急救电话，并由应急救援小组后勤人员陪同送往医院。

　　（4）油漆、稀释剂泄漏的应急处理办法

　　泄漏污染区人员迅速撤离至安全区，禁止火源，并进行隔离，严格限制出入。应急处理人员穿戴防毒面具和防护服，尽可能切断泄漏源，防止其进入下水道、排洪沟等限制性空间。小量泄漏，用活性炭或其他惰性材料吸收，也可以用不挥发性分散剂制成的乳液刷洗，洗液稀释后收集放入环境事故应急池；大量泄漏，构筑围堤收集，用消防粉末覆盖，抑制蒸气灾害，用防爆泵转达至专用收集器内，回收或送到废物处理站处置。如有大量甲苯溶剂洒在地面上，应立即用砂土、泥块阻断液体的蔓延，迅速转移到安全地带进行处置。事故现场加强通风，蒸发残液，排除蒸气。

　　（5）危险废物泄漏的应急处理办法

　　危险废物泛指喷涂过程中产生的漆渣、漆泥、废油漆桶、废稀释剂桶以及沾染了油漆等污染物的劳保用品、废活性炭等，此类危险废物均由生产车间产生直接放置在公司危险废物储存房内，后期由专门的环境治理公司进行转运处置。若危险废物储存房发生坍塌、火灾等情况造成危险废物泄漏，参照粉尘起火（火灾）应急处理办法与急性苯/二甲苯化合物中毒应急处理办法进行处理。

6）应急监测

（1）环境应急监测方案

企业根据其产业特征污染物的种类、数量、可能影响范围和程度以及周边环境敏感点分布情况等，结合自身环境监测能力，特别是快速环境监测能力，制定企业内部环境应急监测方案。有条件的可以根据突发环境事件情景逐一编制环境应急监测方案。没有环境应急监测能力的企业，可以委托相关监测单位开展环境应急监测工作。环境应急监测方案可以在环境应急预案正文中阐述，也可以单独成章作为预案附件。

主要内容包括：

①明确企业内部可监测项目和需要委托监测项目；

②明确每个监测项目的监测仪器、药剂和监测方法；

③明确每个监测项目的监测能力和所需时间；

④根据周边环境敏感点分布情况，明确周边监测区域；

⑤结合自身监测能力，明确监测区域内的监测布点、监测频次等；

⑥明确监测人员的安全防护措施；

⑦明确环境应急监测仪器、防护器材、耗材、试剂等日常管理要求；

⑧明确应急监测人员及其职责；

⑨明确其他环境应急监测工作需要关注的内容。

（2）环境应急监测实施

当发生环境应急事件时，应急办公室应立即通知监测小组做好应急监测各项准备工作。现场采样监测人员 30min 内做好准备，携仪器设备、采样器具、防护设备赶赴事故现场进行调查、监测和采样。报告人员做好资料收集。

现场监测人员到达现场进行污染状况调查后，立即向应急办公室汇报现场情况，以便及时了解污染状况，决定是否增加监测点位、项目和频次，是否增加现场监测人员和仪器。对无法监测或不具备监测条件和能力的项目，应向上一级部门报告，请求技术支援，提请环境监测网络协调解决。

（3）样品的保存与运输

①在采样前根据样品性质、成分和环境条件，根据水环境监测技术规范要求加入保存剂。

②在现场工作开始前确定样品的运输方式，以防延误分析时机。

③在运输前应检查现场采样记录、核实样品标签是否完整，所有样品是否全部装车。

④样品运输必须配有专人押运，防止样品损坏或致污。移交样品时，应进行核对并办妥交接手续。

（4）实验室分析

实验室分析人员接到分析样品后，立即进行样品分析，并接受质量控制组的考核和检查，接受应急监测工作组和技术管理小组的指导，准确、快捷地完成样品分析，做好原始记录，提交分析报告。

（5）报告编制与提交

应急监测小组完成监测任务后，同步收集资料，为编制报告做准备。待监测、分析数据出来后，认真进行数据处理，按职责认真进行报告审核，以最快的速度提交报告。

应急办公室收到应急监测报告后，应严格、全面地审核报告，在确认监测报告数据具有监测数据的"五性"（代表性、准确性、精密性、可比性和完整性）后，批准报告并提交所属相关部门，同时按规定报上级有关部门，积极配合政府相关部门工作，并按其要求提供相关监测数据和报告。

4. 善后与总结

应急终止后，突发环境事件应急指挥小组负责整理和审查所有应急记录和文件等资料，总结和评价导致应急状态事故的原因和在应急期间采取的主要行动，组织实施环境恢复计划。在应急终止后的一个月内，公司突发环境事件应急指挥小组应向上级主管部门提交书面总结报告。报告应包括下列基本内容：发生事故的基本情况，事故原因、发展过程及造成的后果（包括人员伤亡、经济损失、事故中长期环境影响），分析、评价、采取的主要应急响应措施及其有效性，主要经验教训和事故责任人及其处理。

1）后期处置

（1）设施、设备、场所的维护

由各生产部门负责人组织相关人员对损坏构筑物、设备进行加固、修复或重建，以及负责统计应急设备的损坏、应急物资的消耗，并及时进行维护、补充。

（2）污染物跟踪与环境损害评估

突发环境事件若对周边及下游区域大气或水体土壤环境产生重大影响，必须进行长期监测与环境质量评估，企业需要认真收集、整理突发环境事件的性质、污染程度、监测结果记录等资料，积极配合有关部门对突发环境事件的中长期环境影响进行评估。

企业应协助政府部门或委托有资质单位对污染状况进行跟踪调查，并按国家相关法律法规开展环境损害评估。

2）善后赔偿

企业发生突发环境事件后，由后勤保障组根据相关规定开展善后赔偿。

（1）人员安抚

事故发生后必须及时通知伤亡人员的家属，本着"以人为本"的原则做好伤亡人员及其家属的善后工作，安排好伤员及其家属的住宿、医疗、赔偿等事宜，保障员工的合法权益。

（2）损失赔偿

统计处置河道整治、生态修复、周边居民的经济损失、专家评估费用等各项支出。

（3）事件调查处理

应急指挥小组组织相关部门开展事故调查。

①在抢险结束之后，应急指挥小组组织相关部门对事故现场进行勘察，结合抢险过程中采集的有效证据，分别从施工技术、设备状况、人员操作及自然灾害等方面对事故的原因进行调查分析，评估直接经济损失，认定事件的性质和责任，提出对事件责任者的处理建议，总结事件教训，提出防范和整改措施。

②由财务人员负责组织统计抢险发生的直接费用，计入事故直接经济损失，并向应急指挥小组报告，协助保险公司开展灾后理赔工作。

③事故调查处理坚持"四不放过"的原则，即事故原因不查清不放过，不采取纠正措施不放过，责任人和广大职工不受教育不放过，事故责任人不查处不放过。

④在规定时间内上报事故调查和处理报告。

⑤政府部门派出事故调查组，企业应积极配合政府部门调查事故的相关事宜，并提供所需资料和信息。

3）总结与改善

（1）应急能力评估与总结

应急结束后两天内，由应急总指挥组织召开应急救援工作总结会议，从事件调查分析、风险防范措施与应急准备的评估、应急过程、事件的影响等几方面，对事故应急抢险全过程进行分析和总结，对应急处置能力进行评估，并进一步完善应急预案，使应急预案更具操作性，从而有针对性地提高应急处置能力。

（2）应急改善建议

事件结束后，组织人员对事件进行调查与评估，可从管理防范措施、工程防范措施等方面提出风险防范措施完善建议，并从预警程序、上报程序、应急响应、物资配备及人员安排等方面提出改进建议，同时进一步完善应急预案。

附录9　突发环境事故应对措施

1. 火灾预防与处理

1) 火灾事故危害

火灾危害具体表现在以下5个方面：

①造成巨大的直接财产损失。

②造成更为严重的间接财产损失。现代社会各行各业密切联系，牵一发而动全身，一旦发生重特大火灾，造成的间接财产损失往往是直接财产损失的数十倍。

③造成大量的人员伤亡。

④造成生态平衡的破坏。

⑤造成不良的社会政治影响。

由此可见，做好防火工作，是企业的一项十分重要的工作。防火安全直接关系到企业的经济效益、信誉和群众的生命财产安全及社会的稳定。

2) 火灾事故预防

木材加工与家具制造企业的可燃物包括加工原料、半成品、成品以及加工过程中产生的大量锯末、刨花、木屑、木粉尘和废料，这些可燃物经常存量较大，堆积起来容易升温；木材的燃点一般在250~300℃，木材一旦燃烧，其火焰大、温度高、蔓延快的特点极易导致更大范围的火灾；家具生产中使用的油漆都是溶剂含量较高的漆类，而且溶剂大多数为低沸点、低闪点、高挥发性的易燃、可燃液体，加上喷漆是雾状作业，极易造成大量溶剂蒸气扩散，当其与空气混合达到爆炸极限浓度范围时，遇火源即可造成爆炸性火灾。因此，必须认真贯彻执行"安全第一，预防为主，防消结合"的消防工作方针，加强企业的消防管理。在做好防火工作的同时，还必须在思想上、组织上和物质上积极做好各项灭火准备，以便一旦发生火灾，能够迅速有效地扑灭火灾，最大限度地减少火灾损失和人员伤亡。

(1)建立消防安全管理档案

①建立档案的基本工作　培训消防骨干人员，使他们学会建档方法，明确建档要求；消防骨干人员深入实际，调查研究，按照档案的内容和要求逐项填写，进行建档工作；档案建立后，主管部门领导要对档案进行检查验收，以保证档案的质量。

②消防档案内容　单位基本信息，如单位名称、地址、员工总人数、建筑总面积、常用消防器材(消火栓、各类灭火器等)；消防组织和人员情况，包括防火委员会(领导小组)成员，专(兼)职防火管理人员等；易燃、易爆物品、危险品的使用、储存数量和性能；电气设备和线路情况，包括电源、电压线路示意图、变电、配电设备情况等；防火制度及其执行情况；消防工作奖惩记录；历次火灾登记及其处理情况；防火工作记事；开展消防安全活动的文件、图片资料和其他有关资料等。

(2)加强消防宣传教育培训和演习

①定期对全体员工开展消防知识培训，重点培训岗位防火技术、操作规程、灭火器和消防栓使用方法、疏散逃生知识、消防基本法律法规和规章制度；

②定期在全体员工中开展消防演习，练习灭火和组织疏散逃生。

(3)完善技术防范措施

①对工厂各部位、岗位的火灾危险性进行分析，找出薄弱环节，制定有针对性的预防措施；

②检查和完善消防报警系统、消防自动灭火系统、消防标志和消防应急照明、消防疏散和防火分区、防烟分区、消防车通道、防火卷帘、防排烟系统、应急消防广播以及灭火器等，保证其完好；

③安装监控装备，与消防设施联动，及早发现和排除火灾隐患。

3)火灾事故处理

一旦发生火灾，要根据燃烧物质、燃烧特点、火场的具体情况查明火情和火势发展蔓延的途径，确定灭火策略，正确使用消防器材，进行灭火工作，同时拨打 119 火灾报警电话和 120 急救电话进行火灾救援及人员救治。

根据物质燃烧原理，具体有以下几种灭火的基本方法：

(1)冷却灭火法

将灭火剂直接喷洒在燃烧着的物体上，使可燃物质的温度降低到燃点以下，从而使燃烧停止。

(2)隔离灭火法

将燃烧物体与附近的可燃物隔离或疏散开，使燃烧停止。

(3)窒息灭火法

采取适当措施阻止空气流入燃烧区，或者用惰性气体稀释空气中氧的含量，使燃烧物质因缺乏氧气或与氧气断绝而熄灭。

(4)抑制灭火法

使灭火剂参与燃烧的连锁反应，使燃烧过程中产生的游离基消失，形成稳定分子或低活性的游离基，从而使燃烧反应停止。

2. 用电安全管理

1)个人安全用电常识

①认识并了解电源总开关，学会在紧急情况下关闭总电源。

②不用手或导电物(如铁丝、钉子、别针等金属制品)接触、试探电源插座内部。

③不用湿手触摸电器，不用湿布擦拭电器。

④电器使用完毕应拔掉电源插头；插拔电源插头时不要用力拉拽电线，以防电线的绝缘层受损造成触电。

⑤电源线的绝缘皮剥落，要及时更换新线或者用绝缘胶布包好。

⑥发现有人触电要设法及时关闭电源，或者用干燥的木棍等绝缘材料将触电者与带电电器分开，切记不可以直接用手去救人。

⑦不随意拆卸、安装电源线路、插座、插头等。

2）电击防护

电击是电流通过人体内部组织引起的伤害。它可以使肌肉抽搐，内部组织损伤，造成发热发麻、神经麻痹等，严重时将引起昏迷、窒息，甚至心脏停止跳动而死亡。通常所说的触电就是电击，触电死亡大部分是由电击造成的。

电击的防护措施如下：

①确保电气设备完好、绝缘好，并有良好的保护接地。

②操作电器时，手必须干燥，不得直接接触绝缘不好的设备。

③一切电源裸露部分都应有绝缘装置。

④修理或安装电气设备时，必须先切断电源，不允许带电工作。

⑤已损坏的插座、插头或绝缘不良的电线应及时更换。

⑥不能用试电笔去试高压电。

3）静电防护

静电是一种客观存在的自然现象，产生的方式有多种，如接触、摩擦、剥离等，从而在一定的物体中或其表面存在电荷。静电不像电击那样直接给人们带来伤害，但是由它引发的事故给人们带来的后果是严重的。

静电的防护措施如下：

①防静电区内不要使用塑料地板、地毯等易产生静电的地面材料。

②在易燃易爆场所，不要穿化纤类织物、胶鞋及其他绝缘鞋底的鞋，以免产生静电。

③高压带电体应有屏蔽措施，以防人体感应产生静电。

④进入防静电实验室时，应徒手接触金属接地棒，以消除人体从外界带来的静电；坐着工作的场合可在手腕上戴接地腕带。

⑤保持静电区域内的相对湿度适宜。

3. 中毒管理

1）中毒机理

某些侵入人体的少量物质引起局部刺激或整个机体功能障碍的任何疾病都称为中毒。把能够引起中毒的物质称为毒物。

根据毒物侵入的途径，中毒分为呼吸中毒、接触中毒和摄入中毒。

（1）呼吸中毒

呼吸中毒是指毒物经呼吸道吸入后产生中毒，经呼吸道吸入的毒物主要是有毒的气体、烟雾或粉尘。

（2）接触中毒

接触中毒是当毒物接触到皮肤时，穿透表皮而被吸收引起中毒。

（3）摄入中毒

摄入中毒是毒物经口服后引起中毒。

2）毒物的分级

毒物毒性大小一般以化学物质引起实验动物某种毒性反应所需要的剂量表示。气态毒物，以空气中该物质的浓度表示，所需剂量（浓度）越小，表示毒性越大。常用的评价指标有以下几种：

①绝对致死量或浓度（LD_{100} 或 LC_{100}）　染毒动物全部死亡的最小剂量或浓度。

②半致死量或浓度（LD_{50} 或 LC_{50}）　染毒动物半数死亡的剂量或浓度。

③最小致死量或浓度（MLD 或 MLC）　染毒动物中个别动物死亡的剂量或浓度。

《职业性接触毒物危害程度分级》（GBZ 230—2010）中规定，职业性接触毒物危害程度分级，是以毒物的急性毒性、扩散性、蓄积性、致癌性、生殖毒性、致敏性、刺激与腐蚀性、实际危害后果与预后9项指标为基础的定级标准。分级原则是依据急性毒性、影响毒性作用的因素、毒物效应、实际危害后果四大类9项分级指标进行综合分析、计算毒物危害指数。每项指标均按照危害程度分5个等级并赋予相应分值（轻微危害：0分；轻度危害：1分；中度危害：2分；高度危害：3分；极度危害：4分），同时根据各项指标对职业危害影响作用的大小赋予相应的权重系数。依据各项指标加权分值的总和，即毒物危害指数确定职业性接触毒物危害程度的级别。

3）中毒的预防

①工作人员熟知本岗位所用药品的性质。

②所用的原材料必须有标签。

③严禁试剂入口。

④严禁用鼻子贴近试剂瓶口鉴别试剂。

⑤尽量避免手与有毒物质直接接触，严禁在车间内饮食。

⑥能够产生有毒气体或蒸气的工作，必须在通风良好的环境下完成。

⑦使用毒物实验的操作者，严格按照操作规程完成实验。实验结束后，必须用肥皂充分洗手。

⑧使用有毒原材料时，一定要事先做好预防工作。

⑨实验过程中如出现头晕、四肢无力、呼吸困难、恶心等症状，应立即离开实验室，到户外呼吸新鲜空气，严重的送往医院救治。

4）常见毒物中毒症状及急救方法

（1）苯系物中毒

主要经呼吸道和皮肤使人中毒。苯系物中毒症状：表现为头痛、头晕、恶心、步态不稳而神志清醒者是轻度中毒；出现剧烈的呕吐、神志模糊或出现昏厥者是中度中毒；出现抽搐、昏迷或呼吸停止者是重度中毒。

急救方法：迅速将病人移离中毒现场至空气新鲜处；皮肤污染者，立即去除污染衣物，有条件时，协助消防部门对危重病人进行洗消。中毒病人应保持呼吸道通畅，有条件的予以吸氧，注意保暖。

（2）甲醛中毒

主要经呼吸道、眼睛和皮肤使人中毒。不同浓度的甲醛对人体危害不同，甲醛可以致癌，也可能导致胎儿畸形。浓度达到 $0.06 \sim 0.07 mg/m^3$，儿童就会发生轻微气喘；含量为 $0.1 mg/m^3$ 时，就有异味和不适感；达到 $0.5 mg/m^3$ 时，可刺激眼睛，引起流泪；达到 $0.6 mg/m^3$ 时，可引起咽喉不适或疼痛；浓度更高时，可引起恶心呕吐、咳嗽胸闷、气喘甚至肺水肿；达到 $30 mg/m^3$ 时，会立即致人死亡。

急救方法：迅速将病人移离中毒现场至空气新鲜处；皮肤污染者，立即去除污染衣物并用大量清水冲洗干净；如果甲醛进入眼睛，需及时用大量清水冲洗，并前往医院进行救治；对于接触高浓度甲醛的患者可以给予一些淡氨水雾化吸入。

（3）甲醇中毒

主要经呼吸道和皮肤使人中毒。高浓度吸入出现神经衰弱、视力模糊；吞服 15mL 可导致失明。

急救方法：皮肤污染用清水冲洗；溅入眼内，立即用2%碳酸氢钠溶液冲洗。

4. 药剂和药品安全管理

1）固体药剂

污水处理大多是絮凝剂、助凝剂、催化剂等固态试剂。

（1）絮凝剂

絮凝剂是能够降低或消除水中分散微粒的沉淀稳定性和聚合稳定性，使分散微粒凝聚、絮凝成聚集体而除去的一类物质。按照化学成分，絮凝剂可分为无机絮凝剂、有机絮凝剂以及微生物絮凝剂三大类。无机絮凝剂包括铝盐、铁盐及其聚合物。有机絮凝剂按照聚合单体带电集团的电荷性质，可分为阴离子型、阳离子型、非离子型、两性型等几种，按其来源又可分为人工合成和天然高分子絮凝剂两大类。在实际应用中，往往根据无机絮凝剂和有机絮凝剂性质的不同，把它们加以复合，制成无机-有机复合型絮凝剂。微生物絮凝剂则是现代生物学与水处理技术相结合的产物，是当前絮凝剂研究发展和应用的一个重要方向。

（2）助凝剂

在废水的混凝处理中，有时使用单一的絮凝剂不能取得良好的混凝效果，往往需要投加某些辅助药剂以提高混凝效果，这种辅助药剂称为助凝剂。常用助凝剂有氯、石灰、活化硅酸、骨胶和海藻酸钠、活性炭和各种黏土等。

有的助凝剂本身不起混凝作用，而是通过调节和改善混凝条件、起到辅助絮凝剂产生混凝效果的作用。有的助凝剂则参与絮体的生成，改善絮凝体的结构，可以使无机絮凝剂产生的细小松散的絮凝体变成粗大而紧密的矾花。

①无机絮凝剂　最有效、最便宜也是最常用的无机絮凝剂主要有铁盐和铝盐两大类。铁盐絮凝剂主要包括氯化铁（$FeCl_3 \cdot 6H_2O$）、硫酸铁$[Fe_2(SO_4)_3 \cdot 4H_2O]$、硫酸亚铁（$FeSO_4 \cdot 7H_2O$）以及聚合硫酸铁（PFS）$\{[Fe_2(OH)_n(SO_4)_{3-n/2}]_m\}$等，铝盐絮凝剂主要有硫酸铝$[Al_2(SO_4)_3 \cdot 18H_2O]$、三氯化铝（$AlCl_3$）、碱式氯化铝$[Al(OH)_2Cl]$、聚合氯化铝（PAC）$\{[Al_2(OH)_nCl_{6-n}]_m\}$等。

投加无机絮凝剂后，可以大大加速污泥的浓缩过程，改善过滤脱水效果。而且铁盐和石灰联用可以进一步提高调理效果。投加无机絮凝剂的缺点：一是用量较大，一般来说，投加量要达到污泥干固体重量的 5%~20%，从而导致滤饼体积增大；二是无机絮凝剂本身具有腐蚀性(尤其是铁盐)，投加系统要具有防腐性能。应当注意的是，采用氯化铁作为絮凝剂时，会增加对脱水污泥处理设备金属构件的腐蚀性，因此所配备的脱水污泥处理设备的防腐等级应适当提高。

②有机絮凝剂　有机合成高分子絮凝剂种类很多，按聚合度可分为低聚合度(分子质量约为 1000 至几万)和高聚合度(分子质量为几十万至几百万)两种；按离子型分为阳离子

型、阴离子型、非离子型、阴阳离子型等。与无机絮凝剂相比，有机絮凝剂投加量较少，一般为污泥干固体重量的 0.1%~0.5%，而且没有腐蚀性。

用于污泥调理的有机絮凝剂主要是高聚合度的聚丙烯酰胺系列的絮凝剂产品，主要有阳离子型聚丙烯酰胺、阴离子型聚丙烯酰胺和非离子型聚丙烯酰胺三类。其中阳离子型聚丙烯酰胺能中和污泥颗粒表面的负电荷，并在颗粒间产生架桥作用而显示出较强的凝聚力，调理效果显著，但费用较高。为降低成本，可以使用较便宜的阴离子型聚丙烯酰胺-石灰联用法，利用带有正电荷的 $Ca(OH)_2$ 絮凝物将带负电的絮凝剂和污泥颗粒吸附在一起，形成一种复合的凝聚体系。

（3）催化剂

催化剂是一种改变反应速率但不改变反应总标准吉布斯自由能的物质。催化剂自身的组成、化学性质和质量在反应前后不发生变化。催化剂的构成有的是单一化合物，有的是络合化合物，有的是混合物。催化剂有使某一反应加速而较少影响其他反应的性能，称为催化剂的选择性。不同的反应所用的催化剂有所不同。例如，臭氧催化反应中利用多种高效稀土氧化物及稀土单质为活性催化材料，采用最新立体构架技术，在高温条件下烧结可提高微孔数量和分布均匀度，获得更高的比表面积和更多的催化活性点，最大限度提高臭氧氧化效率。

2）液体药剂

液态药剂一般指强酸、强碱等物质。强酸如硫酸、盐酸，强碱如氢氧化钠，在污水处理中主要用于调节 pH 值。固态药剂一般溶解在水中形成液态药剂，因此液态药剂并不常见于污水处理过程中。

3）气体药剂

一般指消毒气体、氧化气体等，如液氯、臭氧等。

（1）液氯

氯在常压下是黄绿色气体，在 0℃ 和 1 个大气压时的密度为 3.2g/L，即约为空气的 2.5 倍重，具有强烈的刺激性。一般采用电解食盐水溶液的方法制取氯气，然后将氯气加压冷却制得液氯。液氯极易气化，沸点是 -34.5℃。加压后的液氯成为黄绿色透明液体，1kg 液氯汽化后体积可以变为 300L。氯性质很活泼，能溶于水，溶解度随水温的升高而降低。氯是具有强烈刺激性的窒息气体，对人的呼吸系统、眼部及皮肤都能产生伤害，空气中最高允许浓度为 $1mL/m^3$。虽不自燃，但可以助燃，在日光下与其他易燃气体混合时会发生燃烧和爆炸，可以和大多数物质起反应。

氯是一种强氧化剂，具有杀菌能力强、价格低廉、来源方便的优点，是水处理行业常用的消毒剂。氯消毒的机理是依靠水解生成的次氯酸向微生物的细胞壁内扩散，与细胞的蛋白质反应生成化学稳定性极好的 N-Cl 键。另外，氯能氧化微生物的某些活性物质，抑制并杀死微生物。

（2）臭氧

臭氧分子式为 O_3，是氧的同素异构体，又名三原子氧，因其类似鱼腥味的臭味而得名，雷电后的腥臭味即是电击产生臭氧而使空气具有的气味。在常温常压下，较低浓度的臭氧是无色气体，当浓度达到 15% 时，呈现出淡蓝色。臭氧的沸点是 -112℃，密度是

2.144g/L。可燃物在臭氧中燃烧比在氧气中燃烧更加猛烈，可获得更高的温度。

臭氧在水中的溶解度较高，在同样条件下是氧气的 10 倍左右。臭氧分子结构极不稳定，容易分解成氧气，而且臭氧在水中比在空气中更容易自行分解。臭氧在空气中的半衰期一般为 20~50min，一般随温度与湿度的增高而加快。臭氧在水中半衰期约为 35min，随水质与水温的不同而有所变化。臭氧在水溶液中的稳定性受水中所含杂质的影响较大，特别是有金属离子存在时，臭氧可迅速分解为氧气。

4）药剂的储存

药剂的储存主要按气体、液体、固体分别储存，固体、液体一般储存于罐子、袋子等容器中。气体一般储存在气瓶中。

5）对危险化学品建立严格的管理制度

①为了加强对化学危险品的安全管理，保证安全运行，保障职工生命财产安全，保护环境，制定危险化学品的管理规定。

②凡在企业内储存和使用化学危险品的部门和个人，必须遵守已制定的危险化学品管理规定。

③已制定的危险化学品管理规定所指的化学危险品是指化验室所使用的化学药品。

④化学危险品仓库管理人员必须经过培训，考核合格后持证上岗，并保持人员的相对稳定。

⑤剧毒品必须执行双人管理、双把锁、双人运输、双人收发、双人使用的"五双"制度，领用时必须经主要负责人审批。

⑥盛装化学危险品的容器，在使用前后必须进行检查，消除隐患，防止火灾、爆炸、中毒等事故发生。

⑦储存化学危险品，应当符合下列要求：

• 化学危险品应当分类分项存放，堆垛之间的主要通道应当有安全距离，不得超量储存。

• 遇火、遇潮容易燃烧、爆炸或产生有毒气体的化学危险品，不得在露天、潮湿、漏雨和低洼容易积水的地点存放。

• 受阳光照射容易燃烧、爆炸或产生有毒气体的化学危险品和桶装、罐装等易燃液体、气体应当在阴凉通风地点存放。

• 化学性质或防护、灭火方法相互抵触的化学危险品，不得在同一仓库或同一储存室存放。

• 仓库要有专人负责化学危险品的管理，单独存放，贴好标签，建立明细账目，要有出入库时间、数量、库存等项，并有出入库人员的签字。

• 使用部门领用化学危险品应随用随领，同时必须按照相关规定，妥善处理废水、废气、废渣。

⑧禁止非使用化学危险品人员接触使用化学危险品。

⑨在保管、领取、使用化学危险品的过程中，如发现可疑或差错，应立即向部门领导或有关部门报告，以便及时处理。

⑩库存物资应做到账、卡、物相符，建立严格的出入库验收、领用、审批制度。

⑪药品柜和存放药品的冰箱内不得存放食品。

6）危险废物储存与转移

①危险废物移出者，须按照国家有关规定制订包含危险废物转移计划在内的危险废物管理计划，报所在地县级以上环境保护主管部门备案后，按照规定运行危险废物转移联单。

②收集日常生活中或者为日常生活服务的活动中产生的危险废物，可以免于危险废物转移联单，但应当将收集、转移情况记入危险废物收集者的收集信息管理系统或者台账中。

③跨省、自治区、直辖市转移危险废物，未经批准，不得转移。

④产生、收集、储存、运输、利用和处置危险废物的单位应当按照国家有关规定投保环境污染强制责任保险。

⑤县级以上地方环境保护主管部门对本行政区域内危险废物转移活动的污染防治实施监督管理。县级以上地方交通运输主管部门、公安部门在各自职责范围内负责本行政区域的危险废物运输管理和监督检查工作。

附录 10 废水处理系统运行管理模式

1. 内部运行管理

内部运行指公司自己承担污水处理运营维护的全过程。内部运行需要企业自己建立起一套管理班子，承担培训费用，同时对污水处理运行负完全责任，这无疑加大了企业的负担，尤其对资金与人员短缺的中小型企业来说负担更重。

2. 委托运行管理

委托运行是当前企业废水处理设施运行的主要形式。承包运行指公司委托有专业资质的公司帮助自己进行维护管理，从而分散责任，有利于公司的进一步发展壮大。

正式托管运行后，承包方将派出技术小组进驻调研、跟班运行，对委托方污水处理现状进行全面诊断，对工艺设施、设备做全面了解，对运行参数进行摸底，对处理能力、达标能力、运行成本等进行全面核算，编制设备、设施清单，对现有设备状况进行评估，制定具体的运营维护管理手册。

污水处理运行管理主要在于 3 个方面因素，即人、设备、工艺参数。懂技术、负责任的运营工人、运行状况良好的设备、合理优化的工艺参数是达到高质量、低成本目标的关键。运营方案，对以往运行中做得好的方面继续保持，针对以往运行中的不足，进行改善和优化。技术方面，从工艺特点、设计参数着手，对运行记录、运行效果进行对比分析，寻求最优的运行参数。人员方面，加强技术力量，弥补以前工艺技术人员不足，对于运行参数的理解及把握不够，以至于在实际运行中某些参数超出偏差的问题。人员管理方面，一方面加强技术管理，另一方面对生产工人从工作意识、劳动技能、工作态度进行全面培训，以制度、绩效来促进管理，以管理出效益，以效益求发展。管理水平的提升除了依赖管理人员自身的水平提升之外，主要反映在各项规章制度的完善和执行程度。

污水处理工程承包方在污水处理调试运行后应将该处理系统移交给业主方或运营方。主要要求如下：

①共同组成项目运行移交小组，并于运行移交小组组建后对项目的所有资产(包括设备、设施、物料、数据资料及相关资产)进行清点造册并办理实物移交手续。

②移交小组根据设备、设施清单，现场对照，观察设备的运行是否正常，逐一检查测试，登记造册。通过移交，注明设备的状况，将责任界定清楚，双方签字确认。若移交时出现设备不正常情况则协商处理办法，设备在保修期的通知厂家前来处理，延迟接收；保修期外的列入年度维修计划，让步接收。

③工艺设施应满足工艺运行要求，无漏水、严重渗水问题；辅助建、构筑物完好程度应满足生产、生活需要。

④对污水运管人员信息、劳动合同、项目立项建设文件、过往运行报告、污水处理管理制度、管理和工艺手册(含软件)，以及其他技术资料等进行移交。甲方移交资料应能帮

助乙方全面了解工程详细情况，指导运行，包括但不限于：

- 工程设计说明书、竣工图；
- 设备清单、设备说明书、产品合格证、保修证，成套设备、专业设备操作规程，厂家联系人、电话等；
- 运行记录及台账，水质分析数据、月报表、电耗、水耗、药耗等；
- 设备维修、维护记录；
- 污泥外运处置协议或合同；
- 垃圾清运协议或合同；
- 在线监测维护协议或合同；
- 最近一年官方检查意见或监管意见等文件；
- 权益文件。

⑤污水处理库存药剂、备品备件等物料应由项目公司按账面价进行购买，该等物料应满足相关质量规定和要求，且客观上应为项目运营所需要。

⑥污水处理站在移交前产生的债权债务，由工程承包方承担。

⑦运营移交完成时，在相关移交文书上签字盖章加以确认后，项目正式移交给业主方或运营方。

此外，承包方应委派经验丰富的运营工程师、工艺工程师、维修工程师分别对设备维护、工艺技术培训、运营管理规章制度，分工种、分专业、分批次进行理论及实际操作培训。

人员培训重点有：

- 提高工艺管理人员的专业水平，充分掌握工艺原理、工艺流程和设备型号及性能，以达到通过工艺调度优化运行的目标。
- 对生产管理和操作人员进行岗位的专业技术培训，提高管理和操作水平，保证污水处理设备的稳定可靠运行。
- 管理人员及生产操作人员不但要熟悉本岗位的工作，而且要了解污水处理全部流程等，以提高对本岗位工作的熟练程度。